信息化技术赋能海洋经济高质量发展

田诚 著

延边大学出版社

图书在版编目（CIP）数据

信息化技术赋能海洋经济高质量发展 / 田诚著. --
延吉 ： 延边大学出版社,2023.9
ISBN 978-7-230-05464-5

Ⅰ．①信… Ⅱ．①田… Ⅲ．①信息技术－应用－海洋
经济－经济发展－研究－中国 Ⅳ．①P74-39

中国国家版本馆CIP数据核字(2023)第177889号

信息化技术赋能海洋经济高质量发展

————————————————————————————————————

著　　者：田　诚
责任编辑：王治刚
封面设计：文合文化
出版发行：延边大学出版社
社　　址：吉林省延吉市公园路977号　　　　邮　　编：133002
网　　址：http://www.ydcbs.com　　　　　E-mail：ydcbs@ydcbs.com
电　　话：0433-2732435　　　　　　　　传　　真：0433-2732434
印　　刷：天津市天玺印务有限公司
开　　本：710×1000　1/16
印　　张：12.75
字　　数：200 千字
版　　次：2023 年 9 月 第 1 版
印　　次：2024 年 6 月 第 2 次印刷
书　　号：ISBN 978-7-230-05464-5

————————————————————————————————————

定价：85.00元

前　　言

海洋对人类社会的生存和发展具有重要意义，海洋不仅孕育了生命，连通了世界，更是人类经济社会实现可持续发展的重要战略资源和可扩展的重要战略空间。随着人类对海洋的认识不断加深，海洋开发利用的层次和水平逐渐得到提高，海洋经济对全球经济发展的贡献也越来越大。据经济合作与发展组织（OECD）预测，到 2030 年，全球海洋生产总值将达到 3 万亿美元，海上风能、海水养殖、鱼类加工、船舶修造等海洋产业将实现显著增长，各类海洋产业预计将创造 4 000 万个就业岗位。可见，在新一轮的全球经济增长中，海洋经济发挥着越来越重要的作用。

建设海洋强国既是我国的国家战略，也是实现中华民族伟大复兴的必然选择。党和国家高度重视海洋经济的发展，党的十八大报告提出，要"提高海洋资源开发能力，发展海洋经济，保护海洋生态环境，坚决维护国家海洋权益"。党的十九大报告进一步要求"坚持陆海统筹，加快建设海洋强国"。党的二十大报告则提出"发展海洋经济，保护海洋生态环境，加快建设海洋强国"。当前，我国经济已由高速增长阶段转向高质量发展阶段。推动海洋经济高质量发展，顺应世界经济发展潮流，不仅符合人类经济社会发展规律，更关系到我国现代化建设的历史进程。

随着信息时代的到来，新一轮信息技术革命正在世界范围内兴起，世界海洋经济呈现出以信息化为根本特征的崭新面貌。以 5G、人工智能、物联网、云计算为代表的新一代信息技术飞速发展，逐渐成为衡量世界各国综合国力和竞争力的重要标志。基于此，本书展开探究，旨在助力实体经济发展，以信息流引领海洋经济的技术流、资金流、物资流，实现涉海服务智能化、涉海治理高效化、涉海产业智慧化，赋能海洋经济高质量发展，大幅提升海洋产业开发的广度和深度，激发海洋经济的创造力和发展活力。

本书共六章。第一章主要介绍我国海洋生态环境，我国海洋经济发展现状和趋势，并在此基础上阐述海洋经济高质量发展的战略布局、内涵和战略意义，最后以智慧海洋为例，论述了海洋经济信息化。第二章指明了海洋信息化发展新方向，即陆海空天一体化信息网络建设、新型海洋信息网络建设，以及卫星通信技术在海洋领域的应用。第三章从信息化与养殖产业、信息化与海洋捕捞业的角度出发，阐述信息化与海洋产业经济的关系。第四章主要论述海洋减灾防灾信息服务，主要包括海洋灾害与海洋气象预报、海洋灾害的应急处置及警报发布标准，为海洋经济高质量发展提供保障。第五章主要介绍海洋管理信息化，即渔业船舶信息化管理、海域使用管理，以及水产品质量安全监管，从管理角度展示了信息化技术对海洋经济高质量发展的推动作用。第六章主要介绍海洋渔政执法信息化的相关理论，并以智慧港口建设为例进行论述，从另一个角度论述信息化技术对海洋经济高质量发展的意义。

笔者在撰写本书的过程中，参考了大量的文献资料，在此对相关文献资料的作者表示衷心的感谢。由于笔者时间和精力有限，书中难免会存在不足之处，敬请广大读者和各位同行予以批评、指正。

田诚

2023 年 6 月

目　　录

第一章 海洋经济发展概述

我国作为海洋大国，海洋事业关系民族生存发展状态，关系国家兴衰安危。党的十八大以来，以习近平同志为核心的党中央将建设海洋强国作为中国特色社会主义事业的重要组成部分和实现中华民族伟大复兴的重大战略任务，坚持走依海富国、以海强国、人海和谐、合作共赢的发展道路，扎实推进海洋强国建设。目前，我国海洋生产总值稳步提升，港口规模稳居世界第一，累计建立各级海洋保护区 270 余处……一份份亮眼的成绩单，见证了我国加快由海洋大国迈向海洋强国的坚实步伐。

海洋孕育生命、连通世界、促进发展。进入 21 世纪，海洋在国家经济发展格局和对外开放中的作用更加重要，在维护国家主权、安全、发展利益中的地位更加突出，在国家生态文明建设中的角色更加显著，在国际政治、经济、军事、科技竞争中的战略地位也明显上升。经过多年发展，我国海洋事业总体上进入了历史上最好的发展时期。海洋作为高质量发展战略要地，地位日益凸显。在全面建成社会主义现代化强国、实现第二个百年奋斗目标新的征程上，必须进一步关心海洋、认识海洋、经略海洋，协同推进海洋生态保护、海洋经济发展和海洋权益维护，建设海洋强国。

第一节　我国海洋生态环境简介

　　海洋是世界上最大的自然生态系统，储存着全球 97% 的水，是约 80% 地球生物的家园，可以说海洋是地球"最后的边疆"，它在实现人类经济社会可持续发展、应对气候变化等方面发挥着重要作用。在发展海洋经济、实现海洋资源永续利用的同时，如何降低海洋污染，减少对海洋生态的破坏，更好地保护海洋资源，是当前国际社会面临的共同课题。

一、我国海洋环境质量

　　《2021 年中国海洋生态环境状况公报》显示，2021 年我国海洋生态环境状况稳中趋好。海水环境质量整体持续向好；典型海洋生态系统均处于健康或亚健康状态；全国入海河流水质状况总体为轻度污染；主要用海区域环境质量总体良好。

（一）海水质量

1.管辖海域水质

　　2021 年夏季，有关部门对我国管辖海域 1 359 个国控点位的海水水质开展了监测。一类水质海域面积占管辖海域面积的 97.7%，同比上升 0.9 个百分点。劣四类水质海域面积为 21 350 平方千米，同比减少 8 720 平方千米，主要超标指标为无机氮和活性磷酸盐。

2.近岸海域水质

　　2021 年，春季、夏季、秋季三期（春季、夏季和秋季三期监测时段分别为4—5 月、7—8 月、10—11 月）监测的综合评价结果表明，全国近岸海域水质总体稳中向好，优良水质（一、二类）面积比例平均为 81.3%，同比上升 3.9 个百分点，其中一类水质上升 6.1 个百分点，二类水质下降 2.2 个百分点；劣四类水质面积比例平均为 9.6%，同比上升 0.2 个百分点。劣四类水质海域主要分布在辽东湾、渤海湾、长江口、杭州湾、浙江沿岸、珠江口等近岸海域，主要超标指标为无机氮和活性磷酸盐。

3.海湾水质

2021 年，面积大于 100 平方千米的 44 个海湾中，15 个海湾春、夏、秋三期监测均为优良水质，11 个海湾均出现劣四类水质，主要超标指标为无机氮和活性磷酸盐。13 个海湾年均优良水质面积比例同比有所增加，19 个海湾有所下降，12 个海湾无显著变化。

（二）海水富营养化

2021 年，夏季呈富营养化状态的海域面积共 30 170 平方千米，同比减少 15 160 平方千米。其中，轻度、中度和重度富营养化海域面积分别为 10 630 平方千米、6 660 平方千米和 12 880 平方千米。重度富营养化海域主要集中在辽东湾、长江口、杭州湾和珠江口等近岸海域。2011—2021 年，我国管辖海域富营养化海域面积总体呈下降趋势。

（三）海洋垃圾和微塑料

1.海洋垃圾

2021 年，有关部门对全国 51 个区域开展了海洋垃圾监测，监测内容包括海面漂浮垃圾、海滩垃圾和海底垃圾。

（1）海面漂浮垃圾

海面漂浮垃圾中，塑料类垃圾数量最多，其次为木制品类。塑料类垃圾主要为塑料绳、塑料碎片、泡沫和塑料袋等。

（2）海滩垃圾

海滩垃圾中，塑料类垃圾数量最多，其次为纸制品类和木制品类。塑料类垃圾主要为香烟过滤嘴、泡沫、塑料碎片、塑料绳和包装类塑料制品等。

（3）海底垃圾

海底垃圾中，塑料类垃圾数量最多，其次为金属类和木制品类。塑料类垃圾主要为塑料碎片、塑料袋和塑料绳等。

2.海洋微塑料

2021 年，有关部门在渤海、黄海、东海和南海北部海域开展了 6 个断面海面漂浮微塑料监测。监测断面海面漂浮微塑料平均密度为 0.44 个/立方米。漂浮微塑料主要为纤维、泡沫、颗粒和碎片，成分主要为聚对苯二甲酸乙二醇酯、聚丙烯、聚苯乙烯和聚乙烯。

（四）海洋环境放射性

2021 年，有关部门对管辖海域 147 个点位、12 个核电基地邻近海域和西太平洋海域进行了海洋放射性检测。管辖海域海水中天然放射性核素活度浓度处于本底水平，人工放射性核素活度浓度未见异常，远低于《海水水质标准》（GB 3097—1997）规定的限值。近岸海域海洋生物中天然放射性核素活度浓度处于本底水平，人工放射性核素活度浓度未见异常。

核电基地周围海域海水、沉积物、海洋生物等环境介质中与设施活动相关的放射性核素活度浓度总体处于历年涨落范围内。评估结果显示，各核电厂运行对公众造成的辐射剂量均远低于国家规定的剂量限值，未对环境安全和公众健康造成影响。

西太平洋海域仍受到日本福岛核泄漏事故的影响，海水中铯-137 活度浓度与上年保持在同一水平。

二、我国海洋生态状况

（一）海洋生物多样性状况

据不完全统计，我国目前已记录海洋生物 28 661 种。按照五界分类体系，含原核生物界 575 种、原生生物界 4 894 种、真菌界 291 种、植物界 1 496 种、动物界 21 405 种。主要生物类群包括硅藻门（1 678 种）、粒网虫门（1 491 种）、刺胞动物门（1 669 种）、扁形动物门（1 297 种）、环节动物门（1 205 种）、软体动物门（4 588 种）、节肢动物门（6 127 种）、脊索动物门（4 470 种）等共 59 个门类。[①]

列入国家重点保护野生动物名录的珍稀濒危海洋野生动物 116 种（类），包括斑海豹、中华白海豚、布氏鲸等国家一级保护野生动物。世界自然保护联盟收录的中国 2 053 种海洋生物中，受威胁等级物种 141 种，占评估物种总数的 6.9%，包括极危等级 17 种、濒危等级 48 种、易危等级 76 种。

珍稀濒危物种是海洋生态系统的旗舰生物，是海洋生态系统质量和稳定性的重要指示物种。近年来，我国严格管控围填海，推进海域、海岛、海岸线和滨海湿地生态修复，逐步建立以国家公园为主体、自然保护区为基础、各类自然公园为补充的海洋自然保护地体系，为我国海洋珍稀濒危物种的种群和栖息地恢复提供重要保障。

（二）海洋自然保护地

截至 2021 年底，全国有海洋类型自然保护区 66 处，海洋特别保护区（含海洋公园）79 处，总面积达 790.98 万公顷。根据生态环境部发布的《自然保护区生态环境保护成效评估标准（试行）》（HJ 1203—2021），自然保护区的

---

① 见《2021 年中国海洋生态环境状况公报》。

生态环境状况分为三个级别：

Ⅰ级：保护区的主要保护对象、生态系统结构、生态系统服务、水环境质量整体优良，主要威胁因素、违法违规情况管控成效显著。

Ⅱ级：保护区的主要保护对象、生态系统结构、生态系统服务、水环境质量整体一般，主要威胁因素、违法违规情况管控成效一般。

Ⅲ级：保护区的主要保护对象、生态系统结构、生态系统服务、水环境质量整体较差，主要威胁因素、违法违规情况管控成效较差。

监测结果显示，2021年，我国12处海洋类型国家级自然保护区生态状况总体保持稳定。

（三）滨海湿地

截至2021年底，全国有滨海湿地类型的国际重要湿地15处，面积为88.6万公顷；国家重要湿地7处，面积为8.8万公顷；国家湿地公园24处，面积为4.2万公顷。

监测的15处国际重要湿地生态状况总体稳定。对辽宁庄河、辽宁双台河口、山东黄河三角洲、江苏盐城、福建漳江口红树林、广东福田红树林、广西山口红树林和广西北仑河口8处湿地开展了一次鸟类和植被监测。监测到国家一级重点保护鸟类丹顶鹤、东方白鹳、黑脸琵鹭、黑嘴鸥、黄嘴白鹭和白鹈鹕，国家二级重点保护鸟类疣鼻天鹅、白琵鹭、大滨鹬、大杓鹬、白腰杓鹬、阔嘴鹬和海鸬鹚。监测到盐沼植物碱蓬、芦苇、柽柳和互花米草等，以及红树植物白骨壤、秋茄、桐花树、红海榄、木榄、海桑、老鼠簕、黄槿和无瓣海桑等。

三、我国主要用海区域环境状况

（一）海洋倾倒区

海洋倾倒区是指国家划定的可以依法进行海洋倾废的特定海域。海洋倾倒区的选划是国家对海洋倾废活动进行管理，避免和减轻海洋环境污染损害的重要法律措施。

在1982年之前，海洋倾废在我国几乎是没有管制的。1985年，我国颁布《中华人民共和国海洋倾废管理条例》[①]，至此才有了对海洋倾废行为进行管制的规定。该条例旨在严格控制向海洋倾倒废弃物，防止对海洋环境的污染损害，保持生态平衡，保护海洋资源，促进海洋事业的发展。

1."倾倒"的定义

条例中的"倾倒"，是指利用船舶、航空器、平台及其他载运工具，向海洋处置废弃物和其他物质；向海洋弃置船舶、航空器、平台和其他海上人工构造物，以及向海洋处置由于海底矿物资源的勘探开发及与勘探开发相关的海上加工所产生的废弃物和其他物质。

"倾倒"不包括船舶、航空器及其他载运工具和设施正常操作产生的废弃物的排放。

2.禁止倾倒的物质

①含有机卤素化合物、汞及汞化合物、镉及镉化合物的废弃物，但微含量的或能在海水中迅速转化为无害物质的除外。

②强放射性废弃物及其他强放射性物质。

③原油及其废弃物、石油炼制品、残油，以及含这类物质的混合物。

---

① 1985年3月6日，国务院发布《中华人民共和国海洋倾废管理条例》；根据2011年1月8日《国务院关于废止和修改部分行政法规的决定》进行了第一次修订；根据2017年3月1日《国务院关于修改和废止部分行政法规的决定》进行了第二次修订。

④渔网、绳索、塑料制品及其他能在海面漂浮或在水中悬浮，严重妨碍航行、捕鱼及其他活动或危害海洋生物的人工合成物质。

⑤含有①②项所列物质的阴沟污泥和疏浚物。

3.需要获得特别许可证才能倾倒的物质

①含有下列大量物质的废弃物：砷及其化合物；铅及其化合物；铜及其化合物；锌及其化合物；有机硅化合物；氰化物；氟化物；铍、铬、镍、钒及其化合物；未列入"禁止倾倒的物质"中的杀虫剂及其副产品。但无害的或能在海水中迅速转化为无害物质的除外。

②含弱放射性物质的废弃物。

③容易沉入海底，可能严重妨碍捕鱼和航行的容器、废金属及其他笨重的废弃物。

④含有①②项所列物质的阴沟污泥和疏浚物。

4.海洋倾倒的情况

2021 年，全国海洋倾倒量为 27 004 万立方米，同比增加 3.2%，倾倒物质主要为清洁疏浚物。

2021 年，开展监测评价的倾倒区及其周边海域海水水质符合或优于第三类海水水质标准，沉积物质量符合或优于第二类海洋沉积物质量标准。与上年相比，倾倒区水深、海水水质和沉积物质量基本保持稳定，倾倒活动未对周边海域生态环境及其他海上活动产生明显影响。

（二）海洋油气区

海洋中的油、气等能源蕴含量十分丰富，人们也在不断地对海洋能源进行勘探，并经历了勘探区域由浅水到深水、技术由简易到复杂的发展历程。数据显示，目前全球已进行勘探的石油储量约为 2 000 亿吨，天然气储量约为 200万亿立方米，海洋中的石油资源量约为 1 700 亿吨，天然气储量为 160 万亿吨。在已探明的海洋油气储量中，有 60%是分布在浅海海域，水深一般小于 300 米。

海洋油气在勘探、开采、运输过程中会产生海洋环境污染。统计数据显示，2021年，全国海洋油气平台生产水、钻屑的排海量约为20 982万立方米和10.3万立方米，分别较上年减少 3.4%和 26.9%，生活污水、钻井泥浆排海量约为118.7万立方米和10.8万立方米，分别较上年增加28.4%和11.2%。

2021年，有关部门对渤海和东海海域的部分海洋油气区及邻近海域海水水质状况开展监测。结果表明，渤海海洋油气区及邻近海域海水中石油类、镉含量均符合第一类海水水质标准，个别海洋油气区及邻近海域海水中化学需氧量或汞含量符合第二类海水水质标准；东海海洋油气区及邻近海域海水均符合第一类海水水质标准。

（三）海水浴场

海水浴场是指在沿岸海滩上建成的可进行游泳、日光浴和各种海上运动的场所。

1.海水浴场监测的内容

根据《海水浴场监测与评价指南》（HY/T 0276—2019），海水浴场监测包括涉及以下内容：

①初步调查。在泳季开始前对可能影响海水浴场水质的污染源和其他可能影响游泳者健康和安全的因素进行初步调查。

②常规监测。监测内容包括环境要素的测定、站位布设等。

③应急监测。在泳季，当海水水域出现下列情况时，应开展应急监测：水质出现异常或呈明显恶化趋势时，应开展污染源排查，调查引起水质恶化的原因；出现水介质传播的疫情时，应根据疫情发生情况，有针对性加强对微生物指标（如沙门氏菌、金黄色葡萄球菌、病原体等）的监测；附近海域发生溢油、赤潮、绿潮、危化品泄漏等突发性事件时，应对海水浴场环境进行针对性监测。

2.海水浴场水质要求

海水浴场的水体与人体直接接触，其环境质量应当符合《海水水质标准》

（GB 3097—1997）和《海洋沉积物质量》（GB 18668—2002）的相关要求，即作为海水浴场的海水水质应满足或优于第二类海水水质的要求，海水浴场的沉积物质量应满足第一类海洋沉积物的质量要求。要对浴场的环境质量进行切实有效的监测和管理，并及时发布监测结果和评价结论，以保证游泳者的健康和安全。

海水浴场环境质量监测的重点在于浴场的水质，对于浴场的沉积物质量若无特殊需要，一般不要求进行监测。若有证据表明，浴场的沉积物质量可能会对游泳者的身体健康造成危害或具有潜在的危害性，则可按《海洋沉积物质量》（GB 18668—2002）中的监测项目和分析方法，对浴场的沉积物质量进行监测和评价。

3.海水浴场环境质量状况等级

按照海水浴场环境质量状况，可将其分为三类：

一类：水质优良，对人体健康、人体安全风险低，令人感觉舒适，具有很高的游憩价值。

二类：水质一般，对人体健康、人体安全风险较低，令人感觉较舒适，具有一定的游憩价值。

三类：水质较差，对人体健康、人体安全风险较高，令人感觉不舒适，不具游憩价值。

4.海水浴场的气象变化

海水浴场的水文气象要素变化直接影响游泳者的生命安全，需要对现场的海洋环境进行实时监测，为海水浴场环境状况预报提供科学依据，通过综合分析，提出切合实际的海水浴场环境状况预报，加强管理，以保证游泳者的健康和生命安全。

在2021年游泳季节和旅游时段，有关部门对全国32个海水浴场开展水质监测。在监测时段，9个海水浴场水质等级为优，16个海水浴场水质等级为优或良，7个海水浴场部分时段水质等级为差。其中，秦皇岛老虎石、秦皇岛平水桥、烟台开发区、威海国际、平潭龙王头、阳江闸坡、海口假日海滩、三亚大东海和三亚亚龙湾等海水浴场监测时段水质等级均为优；厦门鼓浪屿、厦门曾厝垵、厦门黄厝、深圳大梅沙、东澳南沙湾、北海银滩和防城港金滩等海水浴场部分时段水质等级为差。影响海水浴场水质的主要原因是粪大肠菌群数量超标，个别浴场出现少量漂浮物。

（四）海洋渔业水域

渔业水域是指适宜水产捕捞、水产增殖的水生经济动植物繁殖、生长、索饵和越冬洄游的水域总称。《中华人民共和国渔业法实施细则》规定，"渔业水域"是指中华人民共和国管辖水域中的鱼、虾、蟹、贝类的产卵场、索饵场、越冬场、洄游通道，以及鱼、虾、蟹、贝、藻类及其他水生动植物的养殖场所。

影响渔业水域环境的主要因素是水质污染和对水域环境的人为破坏。水质污染包括石油污染、重金属污染、农药污染、有机物污染、放射性污染、热污染、固体废弃物污染等。对水域环境的人为破坏是指未经充分调研，盲目围海（湖）造田、拦河筑坝，或进行海底爆破、修造水下工程等。

2021年，有关部门对32个重要渔业资源产卵场、索饵场、洄游通道、重点保护水生生物栖息地、水产种质资源保护区等重要渔业水域开展了监测，监测面积为547.5万公顷。

海洋天然重要渔业水域的主要超标指标为无机氮。水体中无机氮、活性磷酸盐、石油类、化学需氧量和铜含量优于评价标准的面积占所监测面积的比例分别为40.9%、53.4%、100%、84.5%和99.95%。化学需氧量的超标面积比例同比有所增大，无机氮、活性磷酸盐和石油类的超标面积比例同比有所减小。

海水重点增养殖区水体中主要超标指标为无机氮。水体中无机氮、活性磷酸盐、石油类、化学需氧量和铜含量优于评价标准的面积占所监测面积的比例分别为57.9%、65.7%、100%、100%和100%。活性磷酸盐超标面积比例同比有所增大，无机氮、石油类、化学需氧量和铜的超标面积比例同比有所减小。

7 个国家级水产种质资源保护区（海洋）监测面积为 28.1 万公顷，水体中主要超标指标为无机氮。无机氮、活性磷酸盐、石油类、化学需氧量和铜含量优于评价标准的面积占所监测面积的比例分别为 37.6%、72.4%、100%、66.4% 和 99.8%。化学需氧量和铜的超标面积比例同比有所增大，无机氮、活性磷酸盐和石油类的超标面积比例同比有所减小。

21 个海洋重要渔业水域沉积物状况良好。沉积物中石油类、铜、锌、铅、镉、铬、汞和砷含量优于评价标准的面积占所监测面积的比例分别为 98.8%、94.2%、100%、100%、97.6%、88.5%、100% 和 100%。石油类、铜、镉和铬的超标面积比例同比有所增大，锌的超标面积比例同比有所减小。

2021 年，有关部门对黄渤海区和南海区的 17 个沿海渔港环境质量开展了监测。水体中无机氮、活性磷酸盐和化学需氧量平均含量优于评价标准的沿海渔港数量分别占 64.7%、88.2% 和 88.2%，石油类、铜、锌、铅、镉、汞、砷和铬平均含量均优于评价标准。沉积物中石油类平均含量优于评价标准的沿海渔港数量占 90.9%，铜、锌、铅、镉、汞、砷和铬平均含量均优于评价标准。

第二节　我国海洋经济
发展现状和趋势

我国位于亚洲东部，太平洋西岸，管辖的海域面积约 300 万平方千米，海岸线长 1.8 万千米，是典型的海洋大国。当前，海洋经济正成为中国建设海洋强国的重要支撑。我国正努力挖掘海洋的经济潜力。2012 年，在联合国可持续发展大会上，"蓝色增长"成为一项目标和国际公认的社会经济发展引擎。十余年后的今天，中国已在"蓝色增长"和"蓝色治理"方面处于领先地位。《2021

年中国海洋经济统计公报》显示，我国海洋经济强劲恢复，结构不断优化，协调性稳步提升，实现"十四五"良好开局。

一、我国海洋经济发展现状

经初步核算，2021 年全国海洋生产总值首次突破 9 万亿元，达 90 385 亿元，比上年增长 8.3%，对国民经济增长的贡献率为 8.0%，占沿海地区生产总值的比重为 15.0%。其中，海洋第一产业增加值为 4 562 亿元，第二产业增加值为 30 188 亿元，第三产业增加值为 55 635 亿元，分别占海洋生产总值的 5.0%、33.4%和61.6%。[①]

简单来说，开发、利用和保护海洋所进行的生产和服务活动，包括海洋渔业、海洋油气业、海洋矿业、海洋盐业、海洋化工业、海洋生物医药业、海洋电力业、海水利用业、海洋船舶工业、海洋工程建筑业、海洋交通运输业、滨海旅游业等。除此之外，还有海洋科研教育管理服务业（即开发、利用和保护海洋过程中所进行的科研、教育、管理及服务等活动，包括海洋信息服务业、海洋环境监测预报服务、海洋保险与社会保障业、海洋科学研究、海洋技术服务业、海洋地质勘查业、海洋环境保护业、海洋教育、海洋管理、海洋社会团体与国际组织等）。

2021 年，我国主要海洋产业增加值为 34 050 亿元，比上年增长 10.0%，产业结构进一步优化，发展潜力与韧性彰显。海洋电力业、海水利用业和海洋生物医药业等新兴产业增势持续扩大，滨海旅游业实现恢复性增长。海洋交通运输业和海洋船舶工业等传统产业呈现较快增长态势。

主要海洋产业发展情况如下。

---

① 见《2021 年中国海洋经济统计公报》。

（一）海洋渔业

海洋渔业包括海水养殖、海洋捕捞、远洋捕捞、海洋渔业服务业和海洋水产品加工等活动。《2021 年中国海洋经济统计公报》显示：我国海洋渔业转型升级持续推进，养捕结构进一步优化，种质资源保护与利用能力不断加强，绿色、智能和深远海养殖加速发展。海洋渔业全年实现增加值 5 297 亿元。

（二）海洋油气业

海洋油气业是指在海洋中勘探、开采、输送、加工原油和天然气的生产活动。《2021 年中国海洋经济统计公报》显示：2021 年，海洋原油增量占全国原油增量的 78.2%，有效保障我国能源稳定供给和安全。渤海、珠江口等地区的一批海上油气田勘探获重大发现，国内首个超深水大气田"深海一号"正式投产。海洋油气业全年实现增加值 1 618 亿元。

（三）海洋矿业

海洋矿业包括海滨砂矿、海滨土砂石、海滨地热、煤矿开采和深海采矿等采选活动。《2021 年中国海洋经济统计公报》显示：2021 年，我国海洋矿业全年实现增加值 180 亿元。

（四）海洋盐业

海洋盐业是指利用海水生产以氯化钠为主要成分的盐产品的活动，包括采盐和盐加工。《2021 年中国海洋经济统计公报》显示：2021 年，我国海盐产量大幅减少，全年实现增加值 34 亿元，比上年下降 12.2%。

（五）海洋化工业

海洋化工业包括海盐化工、海水化工、海藻化工及海洋石油化工等化工产品生产活动。《2021 年中国海洋经济统计公报》显示：随着国内对化工等原材料产品需求增加，海洋石化、盐化工产品量价齐升，海洋化工业持续增长。全年实现增加值 617 亿元，比上年增长 6.0%。

（六）海洋生物医药业

海洋生物医药业是指以海洋生物为原料或提取有效成分，进行海洋药品与海洋保健品的生产加工及制造活动。《2021 年中国海洋经济统计公报》显示：国家对海洋生物医药的政策支持和研发力度不断加大，产业化进程加快。海洋生物医药业增势良好，全年实现增加值 494 亿元，比上年增长 18.7%。

（七）海洋电力业

海洋电力业是指在沿海地区利用海洋能、海洋风能进行的电力生产活动。不包括沿海地区的火力发电和核力发电。《2021 年中国海洋经济统计公报》显示：2021 年，海上风电新增并网容量 1 690 万千瓦，是上年的 5.5 倍，累计装机容量跃居世界第一。潮流能、波浪能等海洋能开发利用技术的研发示范持续推进。海洋电力业全年实现增加值 329 亿元，比上年增长 30.5%。

（八）海水利用业

海水利用业是指对海水的直接利用和海水淡化活动，包括利用海水进行淡水生产和将海水应用于工业冷却用水和城市生活用水、消防用水等活动，不包括海水化学资源综合利用活动。《2021 年中国海洋经济统计公报》显示：海水利用科技创新步伐加快，海水淡化工程规模不断增加。海水利用业保持较快发展，全年实现增加值 24 亿元，比上年增长 16.4%。

（九）海洋船舶工业

海洋船舶工业是指以金属或非金属为主要材料，制造海洋船舶、海上固定及浮动装置的活动，以及对海洋船舶的修理及拆卸活动。《2021 年中国海洋经济统计公报》显示：随着世界航运市场逐步回暖，全球新船需求显著回升，2021年我国新承接海船订单、海船完工量和手持海船订单分别为 2 402 万、1 204 万和 3 610 万修正总吨，分别比上年增长 147.9%、11.3%和 44.3%，占国际市场份额保持领先，船舶绿色化、高端化转型发展加速。海洋船舶工业全年实现增加值 1 264 亿元，比上年增长 7.7%。

（十）海洋工程建筑业

海洋工程建筑业是指在海上、海底和海岸所进行的用于海洋生产、交通、娱乐、防护等用途的建筑工程施工及其准备活动，包括海港建筑、滨海电站建筑、海岸堤坝建筑、海洋隧道桥梁建筑、海上油气田陆地终端及处理设施建造、海底线路管道和设备安装，不包括各部门、各地区的房屋建筑及房屋装修工程。《2021 年中国海洋经济统计公报》显示：海洋工程建筑业稳步发展，跨海桥梁、海底隧道等多项工程有序推进，以智慧港口为代表的海洋新型基础设施建设持续发力。海洋工程建筑业全年实现增加值 1 432 亿元，比上年增长 2.6%。

（十一）海洋交通运输业

海洋交通运输业是指以船舶为主要工具从事海洋运输以及为海洋运输提供服务的活动，包括远洋旅客运输、沿海旅客运输、远洋货物运输、沿海货物运输、水上运输辅助活动、管道运输业、装卸搬运及其他运输服务活动。《2021年中国海洋经济统计公报》显示：随着对外贸易快速复苏，远洋运力供给不断强化，沿海港口生产稳步增长。2021 年我国海洋货物周转量比上年增长 8.8%，沿海港口完成货物吞吐量、集装箱吞吐量分别比上年增长 5.2%和 6.4%。全年实现增加值 7 466 亿元，比上年增长 10.3%。

（十二）滨海旅游业

滨海旅游业是指以海岸带、海岛及海洋各种自然景观、人文景观为依托的旅游经营、服务活动，主要包括海洋观光游览、休闲娱乐、度假住宿、体育运动等。《2021 年中国海洋经济统计公报》显示：随着助企纾困和刺激消费政策的陆续出台，滨海旅游市场逐步回暖。

二、我国海洋经济发展趋势

我国海洋经济发展呈现出三大特点：一是陆海统筹一体化。当前中国陆海两栖经济的互动发展，已经历史性地超越了陆海地理空间的限制。二是产业发展高端化。近年来，支撑经济高质量发展的蓝色新动能正在加速形成，产业要素高端化与产业链高端化齐头并进。三是海洋生态优先化。随海洋产业布局和结构的不断优化，海洋产业的绿色转型方兴未艾，成为海洋经济发展的优先级板块。

党的十八大以来，我国海洋治理体系和治理能力现代化水平得到有效提升，海洋管理体制创新、海洋权益维护、海洋生态文明建设、海洋法律法规制定四大要素全面推进，开发海洋、利用海洋、保护海洋、管控海洋四大能力全面跃升。同时，海洋科技对海洋经济贡献率持续加大，已经成为支撑海洋经济发展的关键要素。随着我国海洋科技研发投入的不断增长，海洋技术创新体系日趋完善，形成了以海洋渔业、海洋交通运输业、海洋油气业、滨海旅游业、船舶制造业、海洋工程与建筑业等为支柱产业的全面发展的海洋产业体系。

当前，我国持续扩大对外开放，着力构建以国内大循环为主体、国内国际双循环相互促进的新发展格局。在这一历史进程中，大力发展海洋经济，坚持走开放合作之路，积极应对当前经济形势与内外风险，是中国海洋事业发展的应有之义。

下一步，应从五个关键词入手，继续推动海洋经济高质量发展。

第一，"沿海"。"沿海"是我国海洋经济发展的主要载体，也是我国海疆的陆域主体部分。要推动商品要素资源在各沿海省区市范围内畅通流动，形成一批海洋经济强市、强县，使海洋产业成为沿海地区的支柱产业。

第二，"海域"。"海域"是我国海洋经济高质量发展的重要依托。应当在大力发展海洋渔业、海洋油气业等传统产业基础上，依托海洋科技创新进一步优化产业布局，在新型海洋化工、海水淡化及综合利用、海洋生物医药等领域取得更大突破。

第三，"海路"。"海路"是以 21 世纪海上丝绸之路为主要代表的重要海上航路，是拓展我国经济发展的新空间。应着力构建一条现代海上丝绸之路，将中国与沿线各国的沿海港口城市串联起来，实现海上互联互通的共赢发展。

第四，"海外"。"海外"是指我国与各个海洋国家之间的双边及多边海洋合作。应当积极与有关国家交流海洋科学、技术、管理等方面的理念和经验，吸引国外资金和技术，提高海洋产品附加值，加快海洋技术研发，同时推动极地、公海和国际海底资源的开发利用，着力打造多层次、立体化的海洋开放合作平台。

第五，"海洋命运共同体"。我国作为负责任的海洋大国，积极参与国际海洋治理，在"海洋命运共同体"理念的指导下发展开放型海洋经济，以中国智慧、中国方案积极参与塑造新型国际海洋治理格局，确保各国合理开发海洋资源的权利，共同维护全球海洋秩序，携手建设人类赖以生存的蓝色家园。

《中华人民共和国国民经济和社会发展第十四个五年规划和 2035 年远景目标纲要》中提出要积极拓展海洋经济发展空间。加快建设海洋强国，要坚持陆海统筹，促进海洋经济高质量发展。眼下，海洋经济正在成为国民经济新增长点，在扩大内需、破除资源瓶颈、加快新旧动能转换等方面发挥着不可替代的作用。保护海洋生态环境是永续利用海洋资源的基础，必须坚持保护与开发并重，保护好海洋生态环境，像对待生命一样关爱海洋，努力实现经济效益与生态效益双赢，为子孙后代留下一片碧海蓝天。

第三节　海洋经济高质量发展

　　海洋作为人类赖以生存和发展的重要空间，拥有丰富的物质和能量资源，是各国战略利益竞争的制高点。我国拥有广阔的管辖海域和漫长的大陆海岸线，拥有广泛的海洋战略安全和发展利益。党的十八大提出建设海洋强国的重大战略部署，党的十九大进一步明确坚持陆海统筹，加快建设海洋强国，党的二十大则提出发展海洋经济，保护海洋生态环境，加快建设海洋强国。这充分说明海洋强国建设已是新时代中国特色社会主义事业的重要组成部分。当前，我国经济已由高速增长阶段转向高质量发展阶段。海洋是高质量发展的战略要地，推动海洋经济高质量发展是当前和今后一个时期确定海洋经济发展思路、制定路线和实施宏观调控政策的根本要求。因此，推动海洋经济高质量发展具有深远的意义。

一、海洋经济高质量发展的战略布局

　　2018 年 3 月 8 日，习近平总书记在参加十三届全国人大一次会议山东代表团审议时强调，海洋是高质量发展战略要地。要加快建设世界一流的海洋港口、完善的现代海洋产业体系、绿色可持续的海洋生态环境，为海洋强国建设作出贡献。我们要深入贯彻落实习近平总书记经略海洋、建设海洋强国的重要指示要求，加快海洋经济高质量发展。海洋是生命的摇篮、资源的宝库，也是人类赖以生存的"第二疆土"和"蓝色粮仓"，是世界各国推动经济社会发展、参与国际竞争的战略要地。20 世纪 60 年代以来，世界经济趋海发展态势日益明朗，产业布局从内陆向沿海加速推进。

习近平总书记指出："21 世纪，人类进入了大规模开发利用海洋的时期。海洋在国家经济发展格局和对外开放中的作用更加重要，在维护国家主权、安全、发展利益中的地位更加突出，在国家生态文明建设中的角色更加显著，在国际政治、经济、军事、科技竞争中的战略地位也明显上升。""我们要着眼于中国特色社会主义事业发展全局，统筹国内国际两个大局，坚持陆海统筹，坚持走依海富国、以海强国、人海和谐、合作共赢的发展道路，通过和平、发展、合作、共赢方式，扎实推进海洋强国建设。"①

习近平总书记关于海洋强国的重要论述，深刻揭示了海洋在我国统筹推进"五位一体"总体布局，协调推进"四个全面"战略布局、实现"两个一百年"奋斗目标、深度参与全球海洋事业发展和全球海洋治理中的重要战略地位和独特作用。目前，我国沿海地区以 13%的国土面积，承载了 40%以上的人口，创造了约 60%的国内生产总值，实现了 90%以上的进出口贸易。例如，环渤海地区、长三角地区、珠三角地区凭借海洋经济优势不断焕发新的活力，使海洋成为陆海内外联动、东西双向互济开放格局中的战略要地。因此，我们应清醒地认识到，海洋对实现国家高质量发展的重要作用。

党的十九大提出"贯彻新发展理念"的要求，建设现代化经济体制势在必行，是我国未来的发展目标，且只有在此基础上才能真正建立现代化强国。我国未来发展需要明确这一目标，一步一个脚印地完成未来的使命；立足于实践，紧抓主要矛盾，实现完全转换，满足客观要求，这样才能实现高速发展，逐渐

---

① 2013 年 7 月 30 日习近平总书记在主持中共中央政治局就建设海洋强国研究进行第八次集体学习时的讲话。

增长，进而达到一个新的阶段。海洋经济是现代化经济体系的重要组成部分。海洋经济的高质量发展至关重要，其意义不容忽视，因此，我们要采取有效措施，建立海洋强国，满足时代要求。

2018年，全国海洋工作会议指出，在促进海洋经济发展时，要贯彻新发展理念，并在此基础上加强管理，提升自身能力，重视海洋科技创新，深化供给侧结构性改革，促进海洋经济发展，使新兴产业真正壮大起来，为海洋强国的建立奠定基础。海洋经济高质量发展是未来的重要任务，我国需要立足于自身，提出明确要求，发挥推动作用，促进现代经济体系建设。

海洋经济发展在新时代呈现出新特征，要认清目前的态势，紧抓机遇，探寻问题，迎接挑战，形成战略规划，实现可持续发展。现代海洋经济发展呈现新常态，必须主动适应，认清现状，了解问题，针对发展不平衡不充分的现状采取合理措施，有效解决现实难题，加强改革，并以此为主线进行调整，不断创新，促进海洋经济协调发展。在此过程中，要加强海洋生态建设，以绿色低碳为基础扩大开放合作，实现经济共享，明确未来的发展目标，扩大优质增量供给，转换发展动力，提高发展效率，实现海洋经济高质量发展，使其在国民经济发展中占据重要位置——只有这样才能建设海洋强国，实现经济全面发展。

海洋经济领域供给侧结构性改革势在必行，应不断深化，实现海洋经济高质量提升。企业要加强质量变革，在此基础上不断提升自己，建设高质量品牌企业，开发具有国际竞争力的产品。效率变革是其核心所在，要立足于实际，加快政策调整，营造良好的制度环境，为海洋经济发展创造条件。应重视动力变革，促进海洋产业发展，提高海洋产业在全球经济中的地位。还应加强海洋产业创新，并在此方面不断努力。重视技术创新，加强结构调整，促进海洋产业高质量发展。要抛弃以往粗放型的经济发展模式，向精益方向转变，不应再仅局限于要素驱动，要让技术驱动成为主流。

当前，低端竞争已不适合时代要求，高端升级势在必行。企业过度开发无益于持续发展，绿色发展才是未来的方向。在未来，海洋传统产业将会发生巨大变化，提质增效将成为主要的目标。因此，应加强集成创新，促进技术进步，加快产业成果转化，建设技术创新体系，形成海洋新兴产业发展集群，提升自身影响力，促进产业发展。在未来，海洋服务业也将发生巨大变化，只有不断进行模式创新才能为其奠定基础。

我国一向重视科技创新，习近平总书记曾多次指出要建设创新型国家。为此，我们要真正将科技创新与国家建设结合起来，立足世界科技前沿，加强自身发展，重视基础研究，实现原创成果重大突破。党的十九大也明确提出坚持陆海统筹、加强海洋强国建设的目标。各部门要深刻领会这一精神，真正将其落实下去，使我国海洋经济得到进一步发展。科技创新在这方面起到主要作用，对未来的发展具有重要意义。

创新驱动是发展的第一动力，也是未来经济发展的关键，对海洋产业至关重要。科技创新能力与国家力量密切相关，只有在此基础上才能提升生产力，提高综合国力，实现全面发展。可见，科技创新的作用不可替代。为此，我们要真正将创新理念落实到工作当中，使其充分发挥作用，指导科技创新，实现全面发展，引领未来发展。要充分利用改革的作用，实现全面开放，为海洋经济高质量发展创造条件。要落实发展理念，形成牵引效应；引入创新因素，实现协调发展，达到全面互赢。要加强体制机制建设，充分发挥其引擎作用，为海洋经济高质量发展创造条件，真正实现合作共赢。

如今，"一带一路"建设已经取得了一定成绩，也为海洋经济高质量发展创造了条件，可以在此基础上不断开拓，实现全面沟通。为此，要加强政策落实，连通贸易渠道，完成资金融通，进一步深化改革，开拓新的思路，为自身赢得更大空间。在现实中，阻碍、隔阂难以避免，要对此有充分认识，利用自身优势不断打破现有局限，抓住机遇，加强合作，转变方式，拓展空间，实现互利共赢。要将创新驱动引入工作当中，深入改革，有效实施发展战略。科技创新对海洋产业的发展至关重要，也与国家战略目标紧密相连，只有强化基础，实现新的突破，才能有效完成经济转型，使海洋产业得到全面发展；只有掌握核心技术，在研发上加大力度，实现与经济对接，才能更好地发挥科技的作用。要充分发挥科技创新的驱动作用，实现产业化目标，加快实践成果转换，借助科技实现全面提升，推动经济方式转变。

我国向来重视海洋科技的发展，习近平总书记曾在多个场合明确提出"建设海洋强国"的主张。在考察青岛海洋科学与技术试点国家实验室时，习近平总书记强调："海洋经济发展前途无量。建设海洋强国，必须进一步关心海洋、认识海洋、经略海洋，加快海洋科技创新步伐。"在这一思想指导下，我国加大科技创新力度，充分发挥其作用，将其用于海洋强国的建设当中，取得了一定成绩。我们对未来发展要有深刻认识，明确使命与责任，真正发挥创新驱动作用，促进海洋事业发展，带动海洋经济高质量发展。

推动海洋经济高质量发展，应聚焦海洋经济增长的全要素和全过程，从提高海洋经济宏观调控能力、加强海洋生态文明建设、优化海洋产业结构、加强海洋科技创新、深化海洋领域供给侧结构性改革、培育海洋战略性新兴产业、构建现代海洋产业体系、提供优质的海洋产品，以及积极参与构建海洋命运共同体等方面切实实现海洋经济在更高水平上的供需平衡，实现多个维度的"质"和"量"的统一。

目前，我国正在加速培育海洋工程装备、海洋生物医药、海洋新能源、海洋信息服务业等海洋战略性新兴产业，这些海洋产业的发展离不开科技的支持。近年来，国家出台了一系列政策支持海洋经济创新发展，海洋经济增长动力正从要素驱动转变为科技创新驱动。

二、海洋经济高质量发展的内涵

从海洋经济发展阶段的特征可以看出，我国海洋经济的发展正处在从高速增长向高质量增长转变的阶段。促进海洋经济高质量发展是建设海洋强国的必由之路，因此深刻理解海洋经济高质量发展的内涵具有重要意义。

（一）高质量即全面均衡发展

从宏观层面理解，海洋经济高质量发展是指海洋经济的全面均衡发展。总体来讲，海洋经济高质量发展是指海洋经济增长稳定，陆海统筹区域均衡发展，以创新为动力实现绿色发展、生态发展，让海洋经济发展成果更多、更公平地惠及全体人民。宏观层面的高质量发展包括增长的稳定性、发展的均衡性、环境的协调性、社会的公平性等维度。

具体应该包括以下内容：海洋经济增速稳定，海洋经济比例关系和空间布局合理，陆海和区域差距不断缩小；海洋科技创新能力大幅度提高，海洋科技水平达国际先进水平；海洋经济绿色发展，海洋生态环境不断改善，协调和公共服务能力不断提升。因此，高质量发展意味着海洋经济的全面发展。

（二）高质量要重视结构调整和优化

从中观层面理解，海洋经济高质量发展是指要重视海洋经济结构调整和优化，包括产业结构、市场主体结构、产品结构等的升级，构建现代海洋产业体系，把有限的海洋资源配置到效率最高的地方。

具体来说，包括海洋产业规模壮大、结构优化、创新驱动转型升级、质量效益不断提升等维度。主要体现在重点海洋产业竞争力提升、海洋战略性新兴产业不断壮大、涉海大企业数量不断增加等。同时，海洋产业发展还应以创新为动力，持续优化海洋产业结构，提升发展效益。海洋产业的高质量发展是实现海洋经济高质量发展的重要抓手和着力点，海洋产业效率的提高将直接影响海洋经济的发展。

（三）高质量是效率的提高

从微观层面理解，海洋经济高质量发展是建立在生产要素、生产力、全要素效率的提高之上，而非单纯靠要素投入量的扩大，是更加注重内涵式的发展，即投入产出效率和经济效益不断提高的发展。

具体而言，即不断提高生产要素的投入产出效率和微观主体的经济效益。从企业层面理解，海洋经济高质量发展包括一流竞争力、质量可靠性与创新、品牌影响力，以及先进的质量管理理念与方法等。涉海企业高质量发展能直接满足人民日益增长的美好生活需要，意味着能不断满足以个性化、多样化为特征的消费升级需求，并能拉动和引领供给质量水平。

需要指出的是，创新是贯穿海洋经济高质量发展全过程的，宏观、中观和微观层面理解的海洋经济高质量发展都离不开创新。可见，海洋经济高质量发展必须把创新作为第一动力，依靠海洋科技创新和人力资本投资，不断增强海洋经济的创新力和竞争力，政府部门要通过体制机制创新提升服务能力，继续深化扩大海洋领域的开放。企业则需要持续的自主创新，提高产品质量。

三、当前海洋经济高质量发展的机遇与挑战

近年来，我国海洋经济发展的外部环境和内部条件都发生了复杂深刻的变化，当前海洋经济发展的机遇与挑战并存，但机遇大于挑战。

一是长期向好的基本面没有变。国际环境等因素给我国海洋交通运输业、滨海旅游业等带来较大影响，海洋产业结构调整和转型升级面临较大压力。但一系列深化改革开放的举措不断出台，为海洋经济升级带来了机遇。随着一揽

子政策叠加效应的持续，海洋经济将延续稳中向好的发展态势。

二是沿海地区将集聚更多高端要素。我国全面推进陆海统筹，促进陆海在空间布局、产业发展、基础设施建设、资源开发、环境保护等方面全方位协同发展，沿海地区未来将集聚更多高端要素，同时对提升沿海地区发展能级、城市群建设水平等提出更高要求。

三是新科技为海洋经济跃升发展提供新动能。随着大数据、物联网、5G 等新一代信息技术兴起，各经济体加速向海洋价值链高端布局，全球海洋经济版图深刻重构。竞争压力同时也是我国转变海洋经济发展方式、优化产业结构、转换增长动能的机遇。当前，我国支撑高质量发展的蓝色新动能正在加速形成，产业智能化、高端化趋势明显。

四是国内外向海发展势头强劲。不少国家将发展海洋经济提上日程，如日本主张全面进行海洋开发利用，以应对"新海洋立国的挑战"，韩国提出"世界海洋强国"发展愿景，俄罗斯提出恢复其海洋强国的目标，等等。目前，全球蓝色经济产值约为 1.3 万亿欧元，从经济发展趋势来看，到 2030 年还将有进一步的增长，产值将接近 3 万亿欧元，蓝色经济发展潜力巨大。我们要抓住机遇，积极发展蓝色伙伴关系，参与维护和完善国际和地区海洋秩序，持续推动蓝色经济发展，构建海洋命运共同体。

推进海洋经济高质量发展，要继续在以下方面发力。

一是功能布局上，发挥陆海兼备优势。陆海统筹为实现陆海两大系统优势互补、良性互动和协调发展提供了新思路。应以资源环境承载力和国土空间开发适宜性评价为基础，解决陆海统筹中的关键问题和矛盾，推进陆海功能协调统一。

二是产业发展上，调整优化海洋产业结构。加大科技投入，推进数字化、智能化技术在海洋产业领域的应用，加快发展自动航运船舶、水下机器人等智能设备，促进海洋渔业、海洋船舶制造、港口运输等传统优势产业提质增效。培育壮大海洋生物、海洋高端装备制造、海洋可再生能源和海洋高技术服务业等新兴产业。不断优化招商引资和研发投入策略，鼓励区域产业链上下游企业重组整合，打造海洋特色产业集群。

三是生态保护上，加快陆海流域环境综合治理。开展沿海、流域、海域一体化治理，明确陆海生态红线，加强陆源污染防控、典型生态系统保护、岸线公共空间保护，完善海洋绿色发展的制度设计，提高陆海环境综合治理水平。

此外，还要进一步有效利用"一带一路"平台，加强与沿线国家和地区在海洋基础设施建设、海上通道互联互通、涉海产业园区、海洋旅游、海洋渔业以及海洋科技等领域的互利合作。采取"走出去"和"引进来"战略，为海洋产业发展拓展空间，提供人才和服务支持。

四、海洋经济高质量发展的战略意义

党和国家历来重视海洋的发展，毛泽东主席提出了建设"海上长城"和"海上铁路"的战略思想，邓小平同志提出了关于海军建设的一系列思想理论。进入 21 世纪以来，我国制定了一系列的海洋发展规划，党的十八大报告做出建设海洋强国的战略部署，将海洋事业的发展上升到更高的战略层次。习近平总书记高度重视海洋强国建设，多次到沿海省份视察，并发表了一系列有关海洋强国建设的重要讲话，对海洋经济发展、海洋生态保护、海洋科技创新、海洋权益维护、海洋制度建设等问题做出了指导，形成了较为完善的海洋强国战略思想体系。作为建设海洋强国的重要支撑，海洋经济高质量发展具有重要的战略意义。

一是能够缓解我国陆地资源紧张的状况，拓展国土开发空间。海洋蕴藏着丰富的生物、油气和矿产等资源，海洋经济的发展有助于我国掌握更多的资源和空间，提高我国在世界经济中的地位。

二是能够促进新兴产业发展，加快新旧动能转换，打造新的经济增长点。

我国的海洋战略性新兴产业正处于蓬勃发展阶段，与其他产业联系较为紧密，能够推动其他产业的升级发展。海洋尖端科技取得的突破有利于新兴产业的形成，为经济发展注入新的活力。

三是能够形成全面开放的新格局。海洋历来是我国对外交往的重要通道，"海上丝绸之路"的建设有助于开展与周边国家的交流合作。

四是能够维护国家海洋权益。海洋经济的发展有利于增强人们的海洋意识，提高相关行业对深远海资源的开发利用水平，避免他国侵犯我国海洋权益，并为海军建设提供坚实的经济支撑。

第四节　海洋经济信息化
——以智慧海洋为例

随着云计算、大数据、人工智能等新一轮信息技术在各领域的深入应用，各行业都发生了深刻变化，智慧国土、智慧城市、智慧交通、智慧医疗等一系列解决方案和工程相继落地，对人们的生产生活产生了深远影响。当前，我国海洋强国战略和国家信息化战略稳步推进，海洋信息化发展已进入大有作为的重要战略机遇期。新形势下，加快发展以智慧海洋为代表的信息化技术，推动海洋经济信息化，是顺应国际趋势、抢抓机遇、建设海洋强国的必然选择。

一、智慧海洋的内涵

技术革命推动了人类对海洋的探索。1405 年，明朝航海家郑和率船队出使西洋，之后又多次下西洋。1492 年，哥伦布登上美洲大陆。从 15 世纪末到 16 世纪初，欧洲人陆续开辟横渡大西洋到达美洲、绕道非洲南端到达印度的新航线并完成了第一次环球航行，至此人类进入大航海时代。那时的人类主要通过记录和积累航海资料，初步探索与认识海洋的空间位置。第二次工业革命后，人类进入了"电气时代"，随着造船能力的提高，一些沿海国家开始组织大规模的海洋科学考察，采集海洋物理环境信息，并逐渐建立相关理论方法。人类对海洋的探索进入考察观测时代。现如今，现代通信技术、计算机技术以及卫星遥感技术的发展，使人类能够以组网的方式，全面立体地实时获取海洋信息。有国家甚至提出了"数字海洋"的概念，试图利用数字去表达海洋。

传统意义上的海洋是海岛、海岸线和茫茫海水的简单空间组合，随着人类对海洋开发利用的不断深入和综合管控的逐步加强，现在的海洋是由海洋环境、装备和各种人类活动等多种元素构成的复杂巨系统。面对海洋这个巨系统，当前出现的开发利用能力不强、环境规律掌握不透、权益争端处置不当等问题，多半是源于人类对海洋认识不清，缺乏应对的智慧。智能服务时代，要求人们用知识经略海洋，用智慧开发利用海洋资源，建设海洋生态文明，保障国家海洋安全。因此，可以说智慧海洋是海洋信息化的深度发展，是信息与物理融合的海洋智能化技术革命 4.0，是将新一代信息技术与海洋环境、海洋装备、人类活动和管理主体四大板块信息深度融合，实现互联互通、智能化挖掘与服务，是认识和经略海洋的"神经系统"。

二、智慧海洋的体系框架

针对当前我国海洋信息体系发展的不足，智慧海洋的定位应是，在海洋智能化技术革命 4.0 的背景下加强我国信息基础能力建设，主要包括海洋信息智能化基础设施建设，以及核心海洋智能科技创新与核心信息装备研发。智慧海洋的发展应基于海洋综合立体感知，互联网实时信息传输以及大数据、云计算、知识挖掘等高新技术，以海洋综合感知网、海洋信息通信网、海洋大数据云平台等信息基础设施建设为主体，搭建海洋信息智能化应用服务群，即"两网、一平台、一个应用服务群"，并建立贯穿各个环节的标准质量、运营维护服务、技术装备和信息安全体系。各组成部分之间相互关联、相互融合，形成一个有机整体。

（一）海洋综合感知网

海洋综合感知网是智慧海洋的基础，主要功能是实现海洋环境（水文气象、生物化学、生态、地质、能源矿产、声光电磁以及基础地理信息等），海上目标（空中、海上、水下），涉海活动（海洋管控、资源开发、生态文明建设等），以及重要海洋装备（防务、资源开发、海洋运输和科考装备）等信息的全面获取，为智慧海洋建设提供数据源。

（二）海洋信息通信网

海洋信息通信网是智慧海洋的联通纽带，海洋信息通信网建设旨在提高海洋综合感知能力、海上协同行动能力和海上公众服务通信保障能力，着力解决不具备业务化海洋通信能力、过度依赖国外卫星通信、通信安全没有保障以及水下定位导航能力基本空白等问题，保证各类海洋感知、管理决策、指挥控制信息和指令的传输安全、畅通。

（三）海洋大数据云平台

海洋大数据云平台是智慧海洋的"神经中枢"，建设海洋大数据云平台旨在实现对全部涉海行业信息基础设施的集约利用，实现各种海洋数据资料的交互融合和智慧挖掘，显著提升海洋信息资源的智能分析和共享服务水平，为海洋环境认知、装备研发、安全管控、智能应用等提供海洋存储计算资源、数据资源和应用资源等支撑服务。

（四）海洋信息智能化应用服务群

海洋信息智能化应用服务群是智慧海洋核心价值的体现，海洋信息智能化应用服务群建设旨在统一规划、统一设计，满足海洋安全与权益维护，海洋综合管理，海洋开发利用，海洋公共服务保障，海洋环境认知，生态文明建设等方面的需求，以升级、重构、新建等方式整合各部门涉海信息存量资源，打通涉海领域各行业之间的信息与业务应用系统交流渠道，形成统筹发展、共享协作的智能化应用服务体系。

三、智慧海洋的未来发展

（一）智慧海洋带动整个产业发展

当前我国船舶事业还比较落后，通信技术的发展还远远不够，海上通信、海上智能服务还有待开发。

一是海上航运业。国际消费的产品很大一部分是通过航运运输的。物联网、人工智能等技术已经在陆上运输领域得到了广泛应用，但在海上运输领域的应用还远远不够，在这些方面还有很大的提升空间。

二是智慧渔业。目前的渔业还停留在比较原始的阶段，智慧渔业能为人们带来更多选择，如深海养殖等。智慧渔业能给人们带来新技术，还能给人们带来新的渔业装备，并且智慧渔业在海上通信等方面的应用也有很大的空间。此外，据不完全统计，世界上近 1/3 的渔业产品都是靠非法捕捞获得的，因为一些国家没有能力对海洋渔业进行溯源和管控，这些都为智慧渔业的应用提供了机会。

三是智能船舶。近年来，我国船舶工业国际市场份额迅速上升，我国一跃成为世界第一造船大国。船舶就是海上的移动城市，加快智能船舶建设，有助于我国船舶工业的产业升级。2022 年，中国船舶工业在国际市场份额继续领先，高端船型的占比不断提高。实际上，早在 2017 年我国就发布了第一款智能船，这表明我国的船舶制造和船舶应用已走在世界前列。

另外，智慧海洋还会催生大量的海洋特种装备。以水面、水下传感器为例，我国民用传感器95%都是进口的，军用传感器则自己生产，但我国军用技术在转民用的过程中遇到很多障碍。这些先进的海洋传感器、先进的海洋通信设备，是未来应重点关注的领域。

需要指出的是，海洋的数据服务及服务规则和陆上不太一样，基于新的规则可能像互联网技术转型、工业转型一样，形成新的经济秩序。在这些新的经济秩序下，海洋产业也可能会产生一些"独角兽"企业。

（二）智慧海洋共享应用平台

1.实现数据管理的规范化

未来，智慧海洋系统将是一个集多平台、多传感器和跨学科的综合性系统，其观测数据涉及物理、生物、化学等诸多要素，采样方式各不相同，采用的数据传输方式也不统一。面对如此复杂的数据源（原始数据），制定一个有效的数据管理规范或标准就显得十分重要。实现数据管理的规范化，可以满足智慧海洋共享应用平台在高效处理各种数据、质量控制、信息存储和共享等方面的需求。

例如，美国的综合海洋观测系统（IOOS）项目启动之初，就制定了一套数据内容标准来规定各元数据和观测变量的名称、属性和单位等相关内容，同时还规定了统一的网络服务、基于气候科学模拟语言的原位数据编码、数据目录/显示、格式测试和验证等内容。只有这样，才能有效地整合各种观测平台和传感器以及各区域子系统的数据。

在数据管理规范化方面的另一个例子是国际 Argo 计划。该计划从一开始就制定了严格的数据存储和质量控制规范并不定期地进行修订，针对近几年生物地球化学传感器的加入，还专门成立了工作小组来着手制定各类要素的计算和质量控制方法。同时，全球 Argo 资料中心还开发了格式检验工具，来过滤那些存储格式无法满足规范要求的 Argo 数据（包括元数据、剖面数据、轨迹数据和技术信息数据）。

2.实现服务功能全面化

大数据时代的到来，使得人们能轻易地获取比以往更多的数据，同时也大大增加了快速有效地处理这些数据、提取有用信息的难度，因此需要开发一个功能强大的共享应用平台，来帮助人们快捷地获取数据，同时进行信息的挖掘，甚至实现在线分析。

例如，美国 IOOS 项目的 Glider 资料中心开发的专题实时环境分布式数据服务工具，能提供基于网络通用数据格式的 Glider 数据的查询和下载服务。而这些数据的在线显示和分析则使用了美国应用科学咨询公司（ASA）开发的 OceansMap 网络入口，提供所有加入 IOOS 项目的 Glider 观测数据的在线显示服务。OceansMap 还为 IOOS 项目中的台站、雷达站和模式输出等提供类似的信息服务。

另一个类似的例子是加拿大海底观测网，通过不同的平台（如手机 App、Oceans 2.0 等）为用户提供数据在线显示和下载服务。以 Oceans 2.0 为例，它的功能非常强大，可按照站点、类型、观测要素等进行排序和查询，最终向用户提供的是每个传感器观测要素的时间序列图形和所选取数据，而且用户可以自由选择各种画图选项。

由此可见，未来智慧海洋观测系统必将是一个复杂的、集合了多种平台和传感器的综合性系统。开发一个功能强大的共享应用平台，将大大提高用户检索和应用数据的效率，从而有效扩大数据在基础研究和业务化预测预报中的应用范围。

四、智慧海洋的实施策略

智慧海洋发展目标要符合新时代中国特色社会主义建设的总体要求。这是一项长期性、基础性和战略性的任务，应像我国的航天工程一样，做好统筹规划，分阶段、有步骤地滚动实施。

第一，探索创新建立建管用统筹、产学研联动、科研与应用相结合的体制机制，积极推进海洋信息基础设施共建、信息共享和产业共融，探索政府购买服务的管理运营模式。按照国家战略部署，适应重点任务和业务需求，做好资源间的协调配合，统筹推进智慧海洋发展。

第二，整合拓展我国现有海洋观测、监测和调查资源，全面形成与海洋强国建设需求相适应的海洋信息自主获取能力，获取管辖海域、深海大洋、南北两极以及全球重点关注区域的海洋环境、海上目标和活动等的全要素实时连续信息。综合利用陆、海、空、天、潜等多种通信手段，逐步建设覆盖全球海域的自主通信能力，提供稳定可靠、安全、大容量的信息传输与交换服务。

第三，深入开展海洋大数据汇集管理、融合处理和挖掘分析等技术攻关，制定国家海洋信息资源管理共享政策法规，整合建设国家层面的海洋大数据资源体系，搭建标准统一、开放兼容的海洋大数据云平台，推进数据资源的互联互通，提升海洋大数据的处理分析、深度融合和共享开放服务水平，充分发挥海洋信息的服务作用。

第四，建立完善海洋信息获取、传输、处理分析、产品研制与应用服务的标准体系，实现标准研究、编制、优化、验证、检测、评估全过程支持，统一技术体制，消除"信息孤岛"。建立多层次、一体化的海洋信息安全组织架构，加快构建以防为主、软硬结合的信息安全管理体系。

第五，围绕海洋信息感知技术和装备领域国产化程度偏低的短板，加强国产技术装备研制，特别是海洋核心装备关键零部件、传感器等的研制和产业化，突破关键核心技术，获得一批原创性技术成果和发明专利，提升我国海洋信息感知技术装备自主创新能力。

第二章　海洋信息化发展新方向

信息领航，向海图强。海洋产业要把握海洋信息化发展新方向，发挥信息化技术的优势，实现海上网络覆盖，孕育蓝色经济增长动能，探索大数据、人工智能等创新技术在海洋经济领域的应用，为我国海洋经济高质量发展赋能。

第一节　陆海空天一体化
信息网络建设

我国政府一直很重视陆海空天一体化信息网络的研发、建设和应用。2022年1月，国务院新闻办公室发布的《2021中国的航天》白皮书提出："未来五年，中国将持续完善国家空间基础设施，推动遥感、通信、导航卫星融合技术发展，加快提升泛在通联、精准时空、全维感知的空间信息服务能力。研制静止轨道微波探测、新一代海洋水色、陆地生态系统碳监测、大气环境监测等卫星，发展双天线 X 波段干涉合成孔径雷达、陆地水资源等卫星技术，形成综合高效的全球对地观测和数据获取能力。"

一、陆海空天一体化信息网络建设的战略部署

2016 年，"天地一体化信息网络"被列入科技创新 2030—重大项目。此项目已启动了先导工程。同年 12 月，国务院印发的《"十三五"国家信息化规划》又明确要求："建设陆海空天一体化信息基础设施。建立国家网络空间基础设施统筹协调机制，推动信息基础设施建设、应用和管理。加快空间互联网部署，整合基于卫星的天基网络、基于海底光缆的海洋网络和传统的陆地网络，实施天基组网、地网跨代，推动空间与地面设施互联互通，构建覆盖全球、无缝连接的天地空间信息系统和服务能力。持续推进北斗系统建设和应用，加快构建和完善北斗导航定位基准站网。积极布局浮空平台、低轨卫星通信、空间互联网等前沿网络技术。加快海上和水下通信技术的研发和推广，增强海洋信息通信能力、综合感知能力、信息分析处理能力、综合管控运维能力、智慧服务能力，推动智慧海洋工程建设。"为了落实此重大项目，还提出建设"陆海空天一体化信息网络工程"。其中，在"海基网络设施建设"方面要求："统筹海底光缆网络与陆地网络协调发展，构建连接海上丝绸之路战略支点城市的海底网络。加强大型海洋岛屿海底光电缆连接建设。积极研究推动海洋综合观测网络由近岸向近海和中远海拓展，由水面向水下和海底延伸。推进海上公用宽带无线网络部署，发展中远距水声通信装备。"

2020 年 10 月 29 日，中国共产党第十九届中央委员会第五次全体会议通过的《中共中央关于制定国民经济和社会发展第十四个五年规划和二〇三五年远景目标的建议》。在"强化国家战略科技力量"方面要求："瞄准人工智能、量子信息、集成电路、生命健康、脑科学、生物育种、空天科技、深地深海等前沿领域，实施一批具有前瞻性、战略性的国家重大科技项目。"在"发展战略性新兴产业"方面要求："加快壮大新一代信息技术、生物技术、新能源、新材料、高端装备、新能源汽车、绿色环保以及航空航天、海洋装备等产业。

推动互联网、大数据、人工智能等同各产业深度融合，推动先进制造业集群发展，构建一批各具特色、优势互补、结构合理的战略性新兴产业增长引擎，培育新技术、新产品、新业态、新模式。"

二、陆海空天一体化信息网络的定位和建设要求

（一）陆海空天一体化信息网络的定位

陆海空天一体化信息网络是以地面网络为基础、以天基网络为延伸，覆盖太空、天空、陆地、海洋等自然空间，为天基、空基、陆基、海基等各类用户的各类活动提供信息保障的信息基础设施；相关研制建设不仅反映了一个国家的科技和经济综合实力，更是推动我国重大领域自主创新发展、满足国家战略需求、提升国家网络空间竞争力的重要支撑。

陆海空天一体化信息网络将是网络强国的重要标志，是信息时代的战略性基础设施，是"国家利益到哪里，信息网络覆盖到哪里"的战略选择。通过陆海空天一体化信息网络，将目前以地面信息网络为主的网络边界，大大扩张到太空、空中、海洋等自然空间，人类的网络空间将会跃升到一个新的维度。

陆海空天一体化信息网络建设，旨在系统推进三条主线：科技创新、网络建设和应用服务。科技创新就是要形成一整套技术体系，引领技术创新，打造世界科技创新中心；网络建设就是要构建高轨、低轨、临近空间、地面网络互联融合、覆盖全球的陆海空天一体化信息网络；应用服务就是实现全球商业运营，提供全时全域信息服务，形成陆海空天一体化信息网络产业新形态。可简单概括为：新技术、新工程、新应用。

当陆海空天一体化信息网络"编织"完成后，将形成"全球覆盖、随遇接入、按需服务、安全可信"的陆海空天一体化信息网络，为陆、海、空、天各类用户提供信息服务，从而满足全面保障核心安全、拓展国家利益、普惠社会

民生等战略需求，实现面向国家安全、信息普惠的各类典型应用。陆海空天一体化信息网络以地面信息港为载体，集中于专业通信、卫星导航、遥感测绘等领域，旨在发挥各技术研发单位的优势，为权威部门提供核心数据资源，面向交通、旅游、环保、民生、农业、应急等行业需求，为各类用户提供基于陆海空天一体化信息网络的时空大数据信息服务。

（二）陆海空天一体化信息网络的建设要求

我国信息产业及其基础研究发展迅速，但"地强天弱""内强外弱"等问题仍然存在。当前，天基信息网络主要在我国境内提供服务，境外地面网络因缺少安全可控条件而无法满足外交、应急等方面的应用需求，因此建设陆海空天一体化信息网络，是应对国内国际复杂形势的重要信息基础。在民用领域，陆海空天一体化信息网络需要满足电子政务、能源水利、生产制造、海洋经济、交通运输、证券金融、教育科研、文化旅游、远程医疗等方面的应用需求。

1.全球覆盖及地月空间延展能力

随着经济的发展，我国综合国力日渐增强，国家战略利益显著外延，需要在外交、应急等方面具备全球活动能力。就信息网络而言，需要将保障范围从传统的国土及周边地区向全球扩展，将保障对象从传统的陆地用户拓宽到海上、空基、天基等用户；还需进一步为月球和深空探索提供信息服务能力。

2.重点和热点区域的多重覆盖能力

为满足我国在重点区域的发展与战略部署需求，信息网络应尽快覆盖东亚、南亚、"一带一路"沿线国家和地区、北极地区。对于热点区域，如南海地区，需要具备多重覆盖能力、按需增强保障能力。相较于全球覆盖的其他区域，重点和热点区域的信息网络应具备更强的覆盖能力、更多的服务用户数量、更高的数据传输带宽、更好的语音通信质量。

3.一体化组网能力

陆海空天一体化信息网络要满足关键用户在全球任何位置、任何时刻的通信需求，需要具备空间组网能力，以实现全球随遇接入与境外信息有效回传；需要具备用户终端的多网接入能力，为网络用户接入地面互联网和移动互联网提供支持，支持移动和宽带服务互通。

4.空间骨干传输能力

地面骨干网络对境外、偏远地区、海域、空域的延展性有限，需要具备空间骨干传输能力。目前，我国民用领域的网络用户主要来自交通运输、水利、农业、地方政府、驻外企业/媒体、大众商业等；预计到 2025 年，公众用户约为 1×10^7 个，行业用户约为 3×10^6 个，空间骨干网络传输需求约为 300 Gbps；预计到 2030 年，公众用户约为 3×10^7 个，行业用户约为 4×10^6 个，空间骨干网络传输需求约为 1 Tbps。空间骨干传输能力与地面骨干网络同步演进并协同发展，才能满足快速增长的民用需求。

5.终端多样化能力

为适应多种场景的应用需求，陆海空天一体化信息网络需要配置手持、嵌入式、台式等多样化的终端。手持终端应支持多种通信制式，具备导航定位、语音通信、信息传输功能，可作为灾害应急处理场景的主要应用终端。嵌入式终端一般用于提供天基物联网服务的海洋浮标、集装箱监控单元等，需要具备多制式、小型化、低功耗特征。台式终端分为固定、车载、舰载、机载等类型，需要具备语音通信、数据通信、视频图像传输等功能；要能作为网络节点将地面局域网接入天基网络，提供远程数据回传和宽带多媒体业务。

三、陆海空天一体化信息网络发展现状

（一）国外发展现状

21 世纪以来，发达国家积极布局一体化信息网络建设规划，争夺网络制天、制空、制海权，推进天基网络与地面互联网络、移动通信网络融合。目前，

已经形成包括同步轨道和低轨星座在内的多个天基网络；不同系统的定位和服务用户各有侧重，既有民用系统如星链（Starlink）、一网（OneWeb），军用系统如先进极高频（AEHF）卫星通信系统，也有融合共用系统如第二代铱星系统（Iridium Next）。

1.信息传输

星间链路技术趋于成熟，容量不断提升，如 Ka 频段链路已经成熟，激光链路进入试验阶段。发达国家致力于发展陆海空天一体化的空间信息系统。例如，美国强化星间链路和星上路由/交换能力，构建基于空间多星组网的太空通信网络，建设完整的全球信息栅格。基于空间组网的宽带卫星通信技术是陆海空天一体化信息网络发展的重要环节，对提升宽带卫星通信系统的通信容量、覆盖能力、系统抗毁生存能力具有重要意义。宽带卫星通信系统逐步向 Ka 频段多波束方向发展，并通过频率多重复用、极化复用等技术，提高系统的可用带宽和容量。

2.网络架构

广泛采用的网络架构主要有天星地网、天基网络、天网地网等类型。天星地网架构技术比较成熟，应用广泛，但不适合在我国应用。天基网络架构在安全性、抗毁性、独立性方面有优势，但因脱离地面独立运行，提高了对星上处理和星间信息传输能力的要求，且技术复杂程度高、系统建设和维护成本高，难以在商业层面全面推广应用。天网地网架构通过天、地网络的配合，充分利用天基网络的广域覆盖能力和地面网络的强大传输与处理能力，降低了整个系统的技术复杂度和成本。

3.业务分类

当前，空间业务朝着采用 IP 方式承载方向发展，单系统呈现出从单一业务到多方业务发展趋势。宽带全球卫星（WGS）、第二代铱星系统等演进版本均逐渐支持多样化接入业务，具备实时通信、空间目标监视、导航定位等多种业务支持能力。天基网络和地面网络提供的服务业务也趋于同步。

（二）国内发展现状

我国正处于推进天基信息网、未来互联网、移动通信网全面融合发展的初级阶段。2020 年，卫星互联网被确定为"新型基础设施建设"的信息基础设施之一。科研院所和相关企业大力发展低轨小卫星星座，如鸿雁星座、虹云工程等，相关试验卫星已完成在轨关键技术验证。在积极发展天基网络的同时，我国继续发展新一代高通量通信卫星，先后发射了"实践十三号""亚太 6D"以及新技术体制试验卫星"实践二十号"；高通量通信卫星对地覆盖范围越来越大，通信容量也越来越大，逐渐成为我国地面网络基础设施的重要拓展形式。

总体来说，我国陆海空天一体化信息网络建设与国外还存在一定差距，具体如下。

1.单颗卫星容量相对较小

卫星容量是卫星通信服务质量的重要指标，决定了卫星服务用户的数量和单用户的通信能力。例如，"亚太 6D"卫星容量为 50 Gbps，是"实践十三号"卫星的 2.5 倍，但与美国同类卫星相比仍然差距明显。美国 ViaSat-2 宽带卫星的容量为 300 Gbps，是"亚太 6D"卫星的 6 倍（体积和重量也是"亚太 6D"卫星的数倍）。2023 年 5 月，美国成功发射 ViaSat-3 通信卫星，容量进一步提升至 1 Tbps（但两个月后其大型 Ka 波段天线出现异常，无法正常工作）。

2.空间激光通信技术尚无工程化应用

空间激光通信具有丰富的带宽资源、较窄的波束发散、较低的载荷质量和功耗，是实现卫星节点间、卫星与地面节点间大容量传输的重要手段。近年来，我国空间激光通信技术取得长足进展，已实现高轨对地 5 Gbps 通信速率试验，达到国际一流水平；但在轨工程化应用时，出现链路无法连通、放大器烧毁、传输速率不达标等诸多问题，尚未达到长时间稳定使用状态。德国欧洲数据中继系统（EDRS）卫星在 2016 年实现了高低轨间星间激光通信的工程化应用，通信速率为 1.8 Gbps，至今仍正常工作。

3.卫星生产制造和批量部署能力差距明显

在轨卫星数量是制约陆海空天一体化信息网络能力的重要因素。美国自 20 世纪 90 年代开始部署运营"铱星""全球星"等星座，当前正在规模化建设 Starlink，而我国尚未有大规模星座的工程建设与运营经验。Starlink 等新兴卫星互联网项目采用互联网思维，借鉴汽车制造理念，大幅降低生产成本，提高卫星制造能力；卫星的周产量可达 16 颗，每颗小卫星成本降低至 50 万美元。反观我国，通信卫星仍采用传统工程研制模式，即使技术成熟后也需要两年的整星研制周期，不具备快速、大规模的部署能力。

4.天基网络体系化不足且融合难度大

我国现有的通信卫星、中继卫星，正在建设的宽带星座等均独立发展，尚未形成统一的标准体系，各系统技术体制不同，难以实现不同网络用户间的高效通联。天基信息网络与地面网络发展不均衡，难以形成"一张网"。陆海空天一体化需要深度融合发展。对比之下，美国提出以转型通信卫星（TSAT）系统为基础来融合先进极高频（AEHF）卫星通信系统和地面栅格网等项目的规划；欧洲提出构建融合的 ISICOM 信息基础设施构想并启动先期工作。2018 年，国际电信联盟（ITU）成立了网络 2030 焦点组，将卫星接入作为未来网络的特征之一；2019 年，电气与电子工程师协会（IEEE）召开第一届全球 6G 无线峰会，促使空天地一体化立体网络覆盖成为学术与工程界的普遍共识。

四、陆海空天一体化信息网络的基础架构

我国迫切需要构建"全球覆盖、安全可控"的信息网络，然而限于基本国情，无法采用天星地网架构，通过全球建站的方式实现信息落地与交互。因此，陆海空天一体化信息网络宜采用天网地网的网络结构，主要包括核心层、接入层和用户侧。

（一）核心层

陆海空天一体化信息网络核心层采用天地双骨干架构。地基部分由传统地面核心网（如地面光纤网、海底光缆网等）和卫星地面站网组成，即地基卫星地面网和传统核心网融合骨干网（简称"地骨干"），是整个网络的核心部分，主要实现网络控制、资源管理、协议转换、信息处理、融合共享等功能，负责整个网络的管理控制和运行。天基部分指由高轨星座、中轨星座和低轨星座组成的天基高中低轨混合骨干网（简称"天骨干"），具备一定的接入控制、用户管理、信息处理及业务承载能力，提供宽带接入、骨干互联、中继传输、天基测管控等多种服务，也可拓展提供导航增强、星基监视等服务。

陆海空天一体化信息网络的网络空间范围极大，涵盖海底、海面、陆地、空中、近地空间、地球空间、地月空间、深空，相应用户种类多样。采用天地双骨干构建核心层，建设"天地一张网"，可发挥天地网络的互补优势，形成网络架构一体设计、频率资源协调使用、业务应用无缝融合、用户服务协同保障的一体化信息网络核心层，能有效提升用户接入能力和异构网络融合能力，优化系统服务效能。

（二）接入层

陆海空天一体化信息网络接入层是核心层的拓展，负责用户的接入，包括地月空间延展网、天基无线专用网、空基无线专用网、海基无线专用网、地面局域网、移动通信接入网。

①地月空间延展网是为提供地月空间信息服务而进行的拓展延伸，构建全天时、大尺度、宽带高速的地月空间通信网络，可提供全天时不间断通信保障，实现地月间信息的高效、可靠交互。

②天基无线专用网由多颗卫星或星座组网构成，作为核心层的用户网络来承接其他各类用户的接入。

③空基无线专用网通常由飞机、临近空间飞艇、无人机等组网构成，作为核心层的用户网络来承接其他各类用户的接入。

④海基无线专用网通常由各类水面舰艇、水上浮台等组网构成，作为核心层的用户网络来承接其他各类用户的接入。

⑤地面局域网与地骨干中的传统地面核心网、地面用户结合，即当前所使用的地面互联网。

⑥移动通信接入网与地骨干中的传统地面核心网、地面用户结合，即当前所使用的地面移动网。

（三）用户侧

陆海空天一体化信息网络的天地双骨干架构、地月空间延展网等各类接入层网络，主要面向政府、军队、企业等领域开展应用，采用"网络拓展、服务延伸"的思路，将传输组网、应用服务、安全防护、运维管控等功能向用户端延伸并与用户应用集成，形成满足地面、海基、空基、天基等不同用户需求的应用系统。

第二节　新型海洋信息网络建设

海洋信息网络是人类用于认知海洋、开发海洋和经略海洋的信息网络，包括海洋信息的获取、传输、融合应用等。海洋信息的获取是指通过声、光、电、磁、热等物理手段来获取海洋或者海洋目标的各类信息；海洋信息的传输是指通过海上通信、水下的水声通信、光通信等技术将获取到的信息传输到海上或陆地上的信息处理中心；海洋信息的融合应用是指利用各种先进的信号处理技术、数据库技术、数据挖掘和分析技术来对海洋信息进行处理，以获得各类海洋或海洋目标资料，并指导相关应用。

现阶段，在发展海洋各项关键技术的同时，海洋信息的获取、传输、融合应用等已经由分立的子系统向多网融合互联的信息体系发展。然而，目前尚未出现比较成熟的海洋信息网络，这为我国海洋战略的实施带来了极大的挑战。

一、海洋信息的获取与传输

（一）海洋信息的获取

在大数据时代，数据的汇集更加趋向多源、立体和多模态。在海洋数据资源获取体系方面，还需进一步加强天基、空基、岸基、海基和海底基等海洋信息立体获取能力，全面提高海洋、观（监）测数据的自动采集提取、安全传输汇集、更新水平。完善海洋应急和常态化调查系统，强化海洋专项、极地、大洋调查，加强海洋经济海域、海岛监视监测，大幅提升海洋综合调查数据获取、更新能力。拓展国际海洋合作渠道，扩充全球海洋数据交换共享能力。加强互联网涉海信息收集工作，最大限度地掌握多源海洋信息资源。

1.海洋信息的获取途径

海洋信息获取系统的核心是由以遥感卫星组成的天基海洋环境监测平台，以海洋巡航飞机、无人机组成的空基海洋环境监测平台，以固定海洋环境监测站和高频/地波雷达站组成的岸基海洋环境监测平台，以浮标、潜标、漂流浮标、水下移动潜器、船舶等组成海基海洋环境监测平台，以水下固定监测站、水下水声探测阵等组成的海底海洋环境监测平台。该海底海洋环境监测平台搭载声学多普勒剖面仪、气象仪、雷达、摄像头和声呐等多种设备，以实现基于多平台的、长时序的海洋环境立体监测。

（1）卫星观测系统

卫星观测系统包括高分卫星、气象卫星、海洋卫星等。高分卫星具有中高空间分辨率、高时间分辨率、高光谱分辨率、宽观测带宽性能，能综合运用可见光、红外与微波遥感等观测手段，对海洋环境变化实施大范围、全天候、全天时的动态监测，满足海洋大范围、多目标、多专题、定量化的环境遥感业务化运行的实际需要。气象卫星获取的信息被应用于天气预报，气候预测，环境和自然灾害监测，为台风、暴雨、冰雹、暴雪、沙尘暴、龙卷风等灾害性天气的监测提供更有力手段。利用海洋水色环境卫星遥感，可以对赤潮、绿潮、渔场环境和海冰进行监测；利用海洋动力环境卫星遥感，可以对台风、灾害性海浪、风暴潮和全球海平面变化进行监测，其在海啸预警和探测大洋渔场等方面也起着重要作用。

（2）无人机

无人机是利用无线电遥控设备、自备程序控制装置所操控的不载人飞机。随着科技的进步，无人机由于具备高效性、节能性、风险性较低等优点被广泛应用于各个领域。而在海洋环境监测领域加入无人机，可以实现环境监测的智能化、自动化、专业化，是提升海洋环境监测准确率和效率的重要措施。无人机可搭载可见光、多光谱、红外、荧光等观测仪器，完成港口大气环境监测。

（3）水下机器人

水下机器人体积较小，机动灵活，可以携带重要的传感器到达重要的区域，在周围数十或近百公里的水下空间进行自主探测，获得大范围的海洋环境水文信息，这些信息能够为未来的海洋研究与开发（如研究厄尔尼诺现象）提供依据。借助智能水下机器人采集海洋数据，可以大大缩短我国在该领域与世界发达国家的距离，并形成具有特色的海洋环境数据采集系统。

（4）海洋潜标系统

海洋潜标系统是系泊于海面以下的可通过释放装置回收的单点锚定绷紧型海洋水下环境要素探测系统，主要配置声学多普勒海流剖面测量仪、声学海流计、自容式温盐深测量仪及海洋环境噪声剖面测量仪等，可用于水下温度、盐度、海流、噪声等海洋环境要素的长期、定点、连续、多要素、多测层同步监测。

（5）无人艇多用途平台

在海洋观测平台智能化、无人化发展的大趋势下，无人艇多用途平台具有较高的负载能力、良好的平台稳定性和更好的航行性能。艇身配备风光互补能源采集系统，以风能、太阳能作为主要能量来源，可满足较长时间的水面观测任务需求。配备的自动绞车可满足定点剖面观测以及拖曳观测的需求。搭载的不同类型传感器及海洋观测仪器，可应用于海洋环境水质分析监测、监控海上违法行为、海洋测绘等领域。

（6）雷达观测

观测用的雷达主要包括高频地波雷达、VTS 雷达（S 波段、X 波段）、相控阵雷达、合成孔径雷达等。

高频地波雷达作为一种新兴的海洋监测技术，具有超视距、大范围、全天候以及低成本等优点，被认为是一种能实现对各国专属经济区进行有效监测的高科技手段。为此，各临海发达国家均进行了研发投入，并实施了多年的对比验证和应用示范。高频地波雷达利用短波在导电海洋表面绕射传播衰减小的特点，采用垂直极化天线辐射电波，能超视距探测海平面视线以下出现的舰船、飞机、冰山和导弹等运动目标，作用距离可超过 300 千米。同时，高频地波雷达利用海洋表面对高频电磁波的一阶散射和二阶散射机制，可以从雷达回波中提取风场、浪场、流场等海况信息，实现对海洋环境大范围、高精度和全天候的实时监测。

VTS 雷达（S 波段、X 波段）的雷达波段代表的是发射的电磁波频率（波长）范围。非相控阵单雷达条件下，高频的波段一般定位更加准确，但作用范围较小；低频的波段作用范围大，发现的目标距离更远。S 波段雷达一般作为中距离的警戒雷达和跟踪雷达；X 波段雷达一般作为短距离的火控雷达。

相控阵雷达即相位控制电子扫描阵列雷达,利用大量个别控制的小型天线单元排列成天线阵面,每个天线单元都由独立的移相开关控制,通过控制各天线单元发射的相位,就能合成不同相位波束。相控阵雷达从根本上解决了传统机械扫描雷达的种种先天问题,在相同的孔径与操作波长下,相控阵的反应速度、目标更新速率、多目标追踪能力、分辨率、多功能性、电子对抗能力等都远优于传统雷达。

合成孔径雷达是一种高分辨率成像雷达,可以在能见度极低的气象条件下得到类似光学照相的高分辨雷达图像。合成孔径雷达是利用雷达与目标的相对运动,用数据处理的方法把尺寸较小的真实天线孔径合成一个较大的等效天线孔径的雷达,也称综合孔径雷达。合成孔径雷达的特点是分辨率高,能全天候工作,能有效地识别伪装和穿透掩盖物。合成孔径雷达首次使用是在 20 世纪 50 年代后期,装载在 RB-47A 和 RB-57D 战略侦察飞机上。经过近 70 年的发展,合成孔径雷达技术已经比较成熟,各国都建立了自己的合成孔径雷达发展计划,各种新型合成孔径雷达应运而生,在民用与军用领域发挥着重要作用。

2.海上和水下信息获取

（1）海上信息获取

目前,海上信息获取的主要手段包括海洋卫星、海上巡逻机、科考船等。

海洋卫星主要用于海洋监视、海洋水色监测、海洋动力环境监测等。海洋监视主要通过可见光成像仪、红外成像仪、合成孔径雷达等光学或电磁探测技术实现,主要进行海浪观测、海面目标探测追踪、海洋污染监测等。海洋水色监测利用海洋水色成像仪获取海洋表层可见光及红外辐射信息,进而反演海水叶绿素浓度、悬浮泥沙、有机物含量等信息。海洋动力环境监测主要借助微波辐射计、微波散射计、雷达高度计等微波遥感器实现。其中,微波辐射计是被动地接收海水自然微波辐射,获取辐射强度和极化特性,并反演海水表面温度、风向风速、盐度等信息;微波散射计是主动向海面发出电磁波并接收海洋表面散射波,据此反演海水表面风速和风向信息;雷达高度计向海水表面发送微波脉冲信号，通过测量其双程传输时间确定海面高度，通过信号波形反演海面波动。

我国的海洋卫星主要有海洋一号（HY-1）、海洋二号（HY-2）和海洋三号（HY-3）这三个系列，其中，HY-1 系列卫星主要用于海洋水色环境信息获取，载荷包括海洋水色扫描仪和海岸带成像仪；HY-2 系列卫星主要用于海洋动力环境信息获取，载荷包括微波散射计、微波辐射计、雷达高度计等；HY-3 系列卫星主要用于海洋监视监测，载荷为多极化多模式合成孔径雷达。此外，我国首颗 1 米分辨率 C 频段多极化合成孔径雷达卫星"高分三号"和首颗地球同步轨道遥感卫星"高分四号"也能用于海洋信息获取。

海上巡逻机的主要用途包括海面目标搜索、海上救援、反潜探测等，主要信息获取手段包括雷达探测、光学探测、磁探测等。雷达探测主要通过机载雷达实现，用于水面舰艇探测和监视、空中导航和气象监测。光学探测主要通过微光夜视仪和红外线探测仪实现。其中，微光探测仪主要用于在夜间搜索目标；红外线探测仪可以获取水下潜艇等目标辐射的红外线，主要用于反潜和舰艇侦察。磁探测通过磁异探测仪实现，可以探测到潜艇等金属装备引起的磁场变化，主要用于反潜探测。

科考船一般配有完善的信息采集和探测系统，以及船上实验室，可用于海洋物理、海洋化学、海洋生物、海洋地质、海洋气象等海洋信息的采集和分析，常用探测设备包括拖网、温盐深仪、测深仪、多普勒流速剖面仪、超短基线定位系统、测波仪、船载微波辐射计、船载气象站等。较为著名的科考船有英国的"发现"系列科考船，德国的"太阳"系列科考船等。我国也是世界上第一批建造科学考察船的国家之一，已先后设计并建造"科学"系列、"东方红"系列、"向阳红"系列等多个系列和型号的科学考察船。

（2）水下信息获取

水下信息获取主要是通过声、光、电磁等手段对水下目标进行探测、观察和识别。声波被认为是最适合在水下进行长距离信息获取和传输的手段，但是由于海水的声学环境非常复杂，声信号的传播路径不稳定，研究者同时也致力于探索非声探测手段，其中较为成熟的是磁探测技术和光探测技术。

声学手段是目前较为成熟的技术手段，研究的主要内容是声信号的获取和处理。其中，光纤水听器和矢量水听器是水声研究领域最具代表性的两大技术。光纤水听器具有很强的抗电磁干扰能力，常用于海底阵、拖曳阵等声学探测系统中。目前，英国国防装备及支援局、美国海军研究实验室，以及日本、意大利的防务系统研究者都在研究开发光纤水听器的相关系统。矢量水听器最早出现于 1956 年，后来美国与苏联同时开展了相关研究工作。矢量水听器可以同步/共点测量声压标量和质点振速矢量，切实改善声呐系统的声学性能，因此也是当前水声传感器研究的热点之一。

声学水下探测可分为主动探测和被动探测两种。主动探测多用于检测安静型水下目标和各种水雷，但在浅海环境中易受到干扰，提高主动探测在浅海环境中的稳定性是近年来的研究重点。被动探测隐蔽性强，是对各类水下目标进行探测的重要手段，但当水声传播使声源信号发生畸变时，被动检测方法可能会失效。水声信号处理主要研究阵列信号处理、模基信号处理、多基地探测等。此外，目前的研究注重多传感器、多特征信息的融合应用，如何获取更丰富的目标特征信息，并对信息进行融合是水声探测的一个重要研究方向。

水下视觉测量是对探测目标进行精确测量的常用方法，但是由于电磁波在水中的严重衰减，水下视觉测量的距离一般比较短。水下视觉测量的重点是减小电磁波在水中的快速衰减对成像质量的限制。目前，在实际中得到应用且达到较好效果的成像技术包括激光扫描法、距离选通法、条纹管水下激光三维成像、偏振光水下成像等。此外，一些先进的识别技术，如距离编码、极化滤波、图像提取等也将进一步在水下成像系统中得到应用。

水下磁探测技术是各种非声探测中发展较早、技术较成熟的一种探测方法。大多数水下军事目标由于自身选材的原因极易被磁化，当处于水下环境时，这些军事目标会表现出与地球磁场截然不同的磁场特性，因而可以被探测出来。水下磁探测技术主要用于寻找水下沉船、水雷等磁性物体，常用的高灵敏度水下磁探仪对水下常规动力潜艇的探测距离为 350～400 米，对核潜艇则为600～800 米。目前，水下磁探测技术是在浅海地区较为可靠有效的探测技术。

（二）海洋信息传输

1.海上通信

海上通信主要包括海上无线通信、海洋卫星通信和岸基移动通信。海上无线通信主要采用中/高频通信和甚高频通信，在我国主要用于奈伏泰斯系统（NAVTEX）和船舶自动识别系统（AIS）。海洋卫星通信主要依靠海事卫星通信系统（INMARSAT），我国的北斗卫星导航系统也能提供短分组通信服务。岸基移动通信系统主要由近海岸的陆地蜂窝网基站与船只用户构成，我国近海岸、海岛及海上漂浮平台上布置了大量的 2G/3G/4G 基站，为近海船只用户提供通信服务。随着 5G 技术的发展，未来的岸基移动通信系统不仅能为近海船只用户提供稳定可靠的通信服务，还能为智慧港口、智慧码头建设等提供有力的技术支撑。

目前，海洋通信主要的研究思路是将陆地通信网络中较为成熟的技术，如LTE、WiMAX、WLAN 等应用到海洋场景中进行海洋通信系统设计。在这些工作中，比较有代表性的是 TRITON 项目，该项目将无线城域网移植于海上，主要利用 WiMAX 技术，基于 IEEE 802.16 协议开发一种高速、低成本的海上通信系统。除此之外，很多研究者考虑将海上蒸发波导通信、散射通信、流星余迹通信等技术应用于海上电磁波通信，以实现超视距传输。还有不少工作者将自组织网络技术、多天线技术和延迟容忍技术应用到海上通信系统中。

2.水声通信

由于海水对电磁波的吸收严重，水声通信成了解决水下长距离通信的重要手段。然而，水声信道是迄今为止极为复杂的无线通信信道之一，固有的窄带、高噪、强多途、时空频变、时延等给水声通信技术设计带来了极大的挑战。水声通信系统在国外的发展要远早于中国，具有代表性的有美国海军研究办公室、美国海军空间与海战系统司令部发起的可部署分布自主系统和"SeaWeb"计划，欧洲防卫局水下网络的声学通信项目。我国水声通信系统研究起步较晚，但在国家"863"计划、国家自然科学基金等支持下，在通信算法、通信机研制、网络协议仿真、组网应用试验、协议规范制定等方面取得了一定的成绩，比较有代表性的是国家"863"计划海洋技术领域"水声通信网络节点及组网关键技术"重点项目，该项目研制了基于多进制数字相位调制、多进制频移键控、正交频分复用等不同制式的水声通信系统，并开展了海上试验。

近些年，水声通信网络的相关研究主要集中在水声协议和软硬件实现上。水声通信物理层核心技术包括信道模型设计、单载波相移键控、多进制频移键控、正交频分复用技术、判决反馈均衡技术、时间反转镜技术、稀疏信道估计与均衡技术、宽带多普勒补偿技术等。水声通信链路层关键技术分为多址技术和差错控制技术。目前，研究的多址技术包括频分多址、时分多址、码分多址、载波侦听多路访问、避免冲突多路访问等。对于差错控制，主要研究技术为前向差错修正和自动重传请求。

水声通信网络层主要解决数据分组如何从发送端到达接收端的路径规划，以及流量控制、拥塞控制等问题。目前的研究除 VBF、FBR、REBAR 等典型的路由算法及其改进算法外，一些跨层路由策略和基于强化学习的路由算法也相继提出。而水声通信系统的硬件模块设计也极为关键，硬件模块设计主要研究声呐垂直接收阵、收发合置换能器、功率放大器、前置滤波器、多路接收机、处理器、信号处理机、电源管理等。

3.水下光通信

水下光通信以光作为信息传输的载体，通过水下信道进行信息传输。通常认为，光波由于水体的吸收和散射，在水下传输时会有较大损耗，但是研究表明，波长为470～540纳米的蓝绿激光在水下的衰减非常小，因此水下光通信现有研究工作主要集中在蓝绿激光波段。此外，水下光通信研究还集中在调制技术、发射机和接收机的设计等方面。水下光通信系统常采用的调制技术包括OOK（on-off-keying）调制、脉冲位置调制技术、脉宽调制等。除上述强度调制方案外，相干调制方案也在很多水下光通信系统中被应用，典型的相干调制技术包括相移键控、正交幅度调制及正交频分复用等技术。

当前，海洋数据来源不同，格式多样，为了充分利用不同设备采集的海洋数据，应当对所采集的数据进行融合处理。目前，针对海洋数据融合处理的应用主要集中在卫星方面。

为提升对海洋的监控能力，我国相继发射了多颗海洋系列卫星，用于对海洋水色、海洋动力环境等方面的监测。通过融合已发射的海洋卫星及其他遥感卫星数据，海洋卫星数据的应用广度和深度得到进一步提升。例如，在海洋环境保护方面，融合相应卫星数据，实现了对我国邻近海域赤潮、溢油等的业务化监测；在海洋预报减灾方面，融合不同卫星数据，切实提高了海温预报的精度和时效性；在海洋资源开发方面，融合不同卫星数据，能为全国海洋渔业生产提供实时海况分析、鱼情预报等服务。

另外，由于海洋观测手段不断完善，海洋数据量呈爆炸式增长，海洋数据融合处理已进入大数据时代。鉴于海洋大数据的重要性，国内在陆续构建一些海洋大数据平台。2016 年，山东省青岛市提出要打造国际化海洋大数据中心。同年 11 月，浙江省舟山市启动海洋大数据中心建设。广东省同样在积极构建海洋大数据综合应用平台，在 2018 年 1 月举行的广东海洋大数据峰会上，一些海洋大数据平台相继亮相。此外，清华大学正在筹建海洋大数据平台，该平台将运用大数据、云计算、人工智能等技术。

二、新型海洋信息网络

（一）新型海洋信息网络组成

在现有海洋信息网络的基础上，补充"两静三动"五类新型节点——水上水下共平台基站、海底潜标、舰艇、无人机和自主潜航器，构成海域立体大蜂窝新架构，组成岸、海、空、天、潜的一体化新体系，实现全天时、全天候、全海域的"三全"信息覆盖。

与现有海洋信息网络相比，新型海洋信息网络主要增加了水上水下共平台基站和自主潜航器。水上水下共平台基站呈蜂窝状分布，基站间距为 100 千米，相较于陆地蜂窝网基站，水上水下共平台基站覆盖范围更大，因此可称为大蜂窝架构。水上水下共平台基站搭载雷达、声呐、无线通信设备、水声通信设备等载荷，既是水上通信网基站，又是水下通信网基站。自主潜航器分布在公共平台基站覆盖范围内，按照一定的规划路径在相邻的基站间巡航，搭载声呐、水声通信设备等载荷，既是水下探测前端，又是重要的水声通信节点。水上水下共平台基站和自主潜航器都具有长期存在、易补充的优势，能够将信息覆盖推广到中远海及水下。

海底潜标、水面舰艇和空中无人机也是新型海洋信息网络的重要骨干节点，可搭载声、光、电、磁、热等多种传感器设备，可以进一步扩大海上信息覆盖范围。本书提出的新型海洋信息网络具有多样化信息融合处理方式，如无人潜航器、海底潜标等组成的信息探测系统在获取信息后，可以分别通过水上/水下通信网将信息传输到水上水下共平台基站，水上水下共平台基站上搭载具备一定能力的信息处理平台，既可以在本地对信息进行处理，也可以通过无线通信系统将信息回传到陆地上进行融合处理。

新型海洋信息网络能够实现海洋信息探测、传输和融合的无缝结合，可以在任何时间、任何气候条件下，实现近海及中远海、水上及水下的全面信息覆盖，即全天时、全天候、全海域的"三全"信息覆盖。

（二）新型海洋信息网络体系架构

海洋信息网络架构是新型的信息体系架构，本质上是网络的网络、系统的系统，涉及两个网络和四个系统。两个网络分别是通信网和探测网，四个系统分别是水上通信系统、水下通信系统、水上探测系统和水下探测系统。

具体而言，水上水下共平台基站、无人机与水面舰艇构成水上通信系统；水上水下平台基站、自主潜航器构成水下通信系统；水上水下共平台基站与水上通信网构成水上探测系统；水上水下共平台基站、自主潜航器、海底潜标与水下通信网构成水下探测系统。借助水上水下共平台基站可将两个网络和四个系统组合起来，形成信息体系，实现探测通信平台一体，水上水下相辅相成，系统之间通过协调实现体系效能的倍增。

新型海洋信息网络由主体塔网、移动增强节点（水下增强节点）和管理网组成。主体塔网是指固定的岛基基站和海上漂浮塔基站，这些固定节点是主体建设所必需的，拥有较强的通信能力、探测能力和能源保障能力，能够适应恶劣天气及环境。无人机、舰船、无人潜航器等作为移动增强节点，可以扩大网络的覆盖范围并提高网络的带宽，也具有一定的探测能力。新型海洋信息网络中的很多节点既是骨干网节点，也是接入网节点，支持现有各种不同的移动通信终端接入。同时，新型海洋信息网络可与现有的和未来的地面网络、天基网络互联互通。

新型海洋信息网络与地面网络、天基网络及体系内节点之间以标准的网间、网内协议实现互联，通过标准的用户接口来提供服务。

（三）新型海洋信息网络技术架构

采用软件定义的理念，从技术上可以将新型海洋信息网络划分为感知传输层、功能服务层和应用系统层。南向接口统筹新型海洋信息网络信息体系资源形成资源池，提供体系化的应用服务；北向应用服务接口提供网络通信、目标探测、导航定位等各类应用服务。

（四）新型海洋信息网络关键技术

为了满足新型海洋信息网络的应用需求，要对多种关键技术展开研究，如多基地雷达探测与跟踪，海上蒸发波导通信，水上水下共平台网络协议，任务所需的海洋大数据信息融合及群体智能等。

1.多基地雷达探测与跟踪

在海面环境中，各岛基/塔基雷达平台之间的无线通信很难长期保持稳定。在带宽、误码率、时延等无线通信指标非理想条件下，需要研究多基地雷达协同检测技术，分析基地雷达在通信条件、信杂噪比、处理时间等方面的性能需求。此外，水上探测系统的一大关键目标是检测超高速飞行器，但是其具有明显的高速、高机动特点，容易导致单一雷达观测点迹缺失。多基地雷达能以大空间角跨度观测同一目标，但需要研究不同雷达之间的数据融合技术，实现目标点迹有效补盲和无间断跟踪。

2.海上蒸发波导通信

受海洋环境限制，海上往往需要实现超远距离通信，甚至超视距通信，因此有效利用海面蒸发波导实现多频段低仰角掠海超视距传输，提高链路的可靠性，是水上通信与组网的关键。

3.水上水下共平台网络协议

水上水下共平台基站既是水上基站又是水下基站，由于其融合了水上通信系统和水下通信系统，因此现有的网络协议如互联网/物联网协议不再适用，需要研究新的网络层协议来提高水上水下通信效率。

4.海洋大数据信息融合

新型海洋信息网络将产生海量数据，想要提高海洋大数据信息融合应用水平，就要研究适用的数据库技术、数据挖掘技术及数据融合技术，实现多任务条件下的数据智能化处理和融合。

5.群体智能

无人潜航器之间的协作有利于提高信息获取及传输效率，但是现阶段无人潜航器之间协作效率低，需要研究新的群体智能技术，以实现无人潜航器之间的深度协作，如智能化路径设计、协同定位等。

三、海洋信息网络应用前景

本书提出的新型海洋信息网络有着广阔的应用前景。具体来说，在构建近海防御、海洋交通运输安全管理、海洋自然资源管理和环境保护、海上应急救援、海洋科学考察等方面，均可发挥重要的技术支撑和保障作用。

（一）近海防御

现阶段，我国近海海域空间存在着信息覆盖范围有限、信息感知能力不足、多源信息融合手段欠缺、目标检测追踪能力差等问题，尤其对隐身飞机、静音潜艇等重点目标缺乏有效的探测手段。本书提出的海洋信息网络能够与现有的网络融合，构成岸、海、空、天、潜多空间融合，集声、光、电、磁、热多种探测手段于一体，主被动探测手段协同的海域监测体系，能大大提升我国近海防御能力。

（二）海洋交通运输安全管理

现阶段，我国海运发展存在发展标准体系不健全、监测监管手段不到位、重大突发事件应急保障能力不完善等问题。本书提出的海洋信息网络能够进行智能环境感知，通过船只信息互联获取航行数据，并能够利用大数据分析技术实现智能规划、智能调控和智能管理，从而提升海洋交通运输安全管理水平。

（三）海洋自然资源管理和环境保护

传统的海上资源勘探技术如海上地震技术、海上电磁勘探技术、海上化学勘探技术等，由于在信息接收和监测方面存在困难，很难在深远海资源勘探方面取得令人满意的结果，且传统的海洋环境监测手段存在发现时间晚、实时监测能力不足的问题。本书提出的海洋信息网络能够借助水上/水下传感器网络、无人自主潜航器等采集水下的各种物理、化学数据，并从中分析得到有用的勘探数据，这些勘探数据可用于指导海洋资源勘探及开发，并对海洋环境进行实时监测，有利于提升海洋环境保护水平。

（四）海上应急救援

现阶段，我国海上应急救援系统还不完善，存在发现时间晚、险情评估不准确等问题，本书提出的海洋信息网络既能够通过各类传感器设备主动发现险情，也可以通过水上/水下通信网络及时接收险情信息，并在发现险情后及时进行评估，指导应急救援工作，从而极大地提升海上应急救援工作水平。

（五）海洋科学考察

蓝色经济离不开海洋科技的支撑，而海洋科技创新又以海洋认知为前提。海洋认知能力的提升依赖于海洋调查、观测、勘探的能力和水平。目前，我国海洋综合探测与研究主要依赖海洋科考船，但科考船存在船舶和调查装备使用缺乏统筹安排、船舶更新易出现重复建设等问题，新型海洋信息网络的部署和应用能在很大程度上弥补科考船的劣势。在新型海洋信息网络中的某些节点设立观测站，可以对海域的水文信息、生物信息、环境信息等各种科学研究所需要的数据进行全天候的监测并且能定时回传数据，极大地方便海域的科学研究，节省船舶出行的成本。另外，在科考船上进行的科研工作以船舶为平台，能使用的设备和探测范围有限，而海洋信息网络覆盖了岸、海、空、天、潜，依托于新型海洋信息网络，可以扩大科考范围，提高数据采集频率，使海洋科学研究更全面、深入。

第三节　卫星通信技术
在海洋领域的应用

海洋在我国发展战略中的地位日益突出，但海洋面积广阔、空间立体、环境复杂多变，因而对海洋的管理和监控十分依赖海上通信。卫星通信具有覆盖面大、通信距离长、不受地理环境限制等突出优点，因而在海上通信中具有重要作用。要建设海洋强国，推进"一带一路"建设，应针对我国海洋卫星通信应用的实际需求，在卫星通信应用的模式、场景以及全球卫星组网方面进一步加强研究，促使卫星通信在海洋经济高质量发展方面发挥更大的作用。

一、北斗卫星船位监控

北斗卫星船位监控是一套利用北斗卫星定位，移动基站传送定位信息的船位监控系统，主要用于渔船出海导航、渔政监管、渔船出入港管理、海洋灾害预警、渔民短报文通信等。

渔业是北斗的重要应用方向之一，也是北斗最早的应用领域之一。北斗满足了渔业生产与管理的需求，在我国渔船管理的现代化、信息化过程中发挥了重要作用。

目前，我国东南沿海 50 海里以外的中远海船舶安装了基于北斗的海上通信设备，为渔业管理部门建立了超过 1 300 个船位监控系统，建成了海、天、地一体化的船舶集中监控管理体系。截至 2018 年底，已发展入网用户近 70 000 个，日均位置数据 800 万条，融合了北斗短报文、互联网等多种通信技术手段，近 3 年累计救助渔船 210 余艘，挽回经济损失超过 10 亿元。监管渔船作业，防止非法捕捞，发布灾害预警通知……北斗成为渔业管理部门进行渔船监管的科技利器。北斗卫星船位监控系统的作用可总结为三大方面。

（一）监管渔船作业

在渔船上安装北斗终端并连入渔业管理中心监控网络，利用北斗的定位功能，对渔船的位置信息和动态信息进行监控管理，一旦发现渔船进入敏感海域生产作业，即刻通知渔业管理部门进行召回或拦截。

（二）防止非法捕捞

休渔期管理是渔业管理的重要任务之一，基于北斗系统的渔政执法监控管理系统已经在多个海域得到部署。利用北斗定位技术确定渔船位置信息，渔政执法部门可以充分掌握休渔期渔船停靠渔港（停泊点）情况，以及每个渔港（停泊点）渔船停靠数量分布情况，一旦发现非法路径信息，就可以及时出动执法船只，有效提升监管精度和执法效率。

（三）灾害预警通知

海上通信手段匮乏、信息接收困难等问题成为出海渔民面临的困境之一，因而北斗系统特有的短报文功能就显得至关重要。渔船安装北斗终端，就可以及时接收渔政管理部门下发的台风、雷雨大风、海上大雾等灾害性天气预警信息，保障渔民生命财产安全。

二、卫星宽带网络

卫星宽带通信系统，简单地说就是卫星通信与互联网相结合的产物，俗称卫星宽带或卫星上网。卫星宽带通信也被称为多媒体卫星通信，指的是通过卫星进行语音、数据、图像和视像的处理和传送。因为卫星通信系统的带宽远小于光纤线路，所以几十兆比特每秒就称为宽带通信了。提供更大带宽仅是卫星通信方案的一部分，基于卫星的通信也为许多新应用和新业务提供了条件。

传统海上通信都是依赖海事卫星，但是它使用的设备笨重，卫星容量小，资费高，且通信具有极大的延后性，这些都严重制约了海上通信的发展。海上卫星宽带则是利用宽带卫星、卫星船站、卫星地面站以及服务云等实现天地一体、基于 IP 技术的海上宽带通信。卫星宽带利用宽带卫星提供更大的带宽，可实现高速率、多应用、实时性、低资费的海上通信。

卫星宽带网络主要是借助跟踪式卫星天线，实现船只和卫星之间的宽带通信，速度可以达到兆比特每秒的量级。它采用数量多、带宽大、资源丰富的固定通信卫星，无论信道数量还是信道带宽，都可以初步支撑海洋大数据的应用。特别是卫星宽带网络采用灵活的定价机制，船舶用户只要月付几千元就可以获得宽带网络服务，通信速度虽然还比不上光纤，但完全可以和传统地面数字专线相提并论。按照目前的发展趋势，有关卫星运营商正在订购容量更大的通信卫星，这必然进一步丰富卫星宽带网络通信资源，使得宽带网络服务价格进一步下降。据有关船舶用户介绍，购买卫星宽带网络服务后，船舶用户将有更好的条件来推动大数据的深度发掘和使用。

卫星宽带网络利用覆盖全球的宽带通信卫星，建立连接陆海的信息高速通道，连接海洋服务与应用，打造海洋产业"互联网＋"生态链，并将获取海洋产业的大量数据，合作伙伴会对大数据进行加工处理，实现资源最优配置，为整个海洋产业提供节能、高效的运营服务，搭建全球智慧海洋服务平台。

海洋卫星宽带网络不仅能带来流畅的网络和良好的语音通信体验，还能为渔船出海安全加上一把"科技锁"。除基础的上网功能外，卫星宽带网络还支持海上生命固话、智慧云广播、移动传话筒、驾驶舱 AI 安全监管等功能，打破了渔民远洋生产过程中的"海上信息孤岛"现象，从而实现海上工程、作业平台以及捕捞、救助、养殖等行业的智能化管理。

三、全球海上遇险与安全系统

全球海上遇险与安全系统（GMDSS）是一个全球性的通信网络，设置该通信网络的目的是最大限度地保障海上人员的生命与财产安全。当海上发生紧急事件时，岸上的搜救机构以及在遇险船舶附近的船舶会立即收到遇险报警，确保以最短的时间进行协调、救助。GMDSS 还提供广泛的、必要的预防信息，如定时发布有助于海上航行安全的信息，包括航行警告、气象预报和其他海上紧急信息。船舶可利用满足 GMDSS 要求的通信设备，在各自的航行区域内可靠地完成正常业务通信。

（一）GMDSS 的构成

GMDSS 主要由卫星通信系统（即海事卫星通信系统和极轨道卫星搜救系统）、地面无线电通信系统（即海岸电台和船舶无线电设备）以及海上安全信息播发系统三大部分构成。

1.卫星通信系统

卫星通信系统包括海事卫星通信系统和极轨道卫星搜救系统。海事卫星通信系统主要由海事通信卫星、移动终端（船舶地球站）、海岸地球站以及协调控制站构成。极轨道卫星搜救系统是由加拿大、法国、美国等国联合开发的全球性卫星搜救系统，由示位信标、空间段（极轨道通信卫星）和地面部分三个分系统组成。

2.地面无线电通信系统

地面无线电通信系统用于遇险报警、搜救协调通信、搜救现场通信及日常公众通信，主要由中频（MF）/高频（HF）/甚高频（VHF）通信分系统组成。

3.海上安全信息播发系统

海上安全信息播发系统由岸基 NAVTEX 系统、INMARSAT 系统中的增强群呼系统和船舶交通管理系统等组成。

（二）GMDSS 的功能

具体来说，GMDSS 具有以下功能。

1.遇险报警

遇险报警是指把遇险事件迅速并成功地提供给可能给予救助的单位。遇险船舶向海上救助协调中心（RCC）报警，称为船对岸报警；遇险船舶向相邻船舶报警，称为船对船报警；当 RCC 收到报警后，通过岸台或岸站向遇险船舶附近的船舶报警，指令其前去营救或监护等，称为岸对船报警。因此，在 GMDSS 中，报警是三个方向的：即船对岸、船对船和岸对船报警。在报警信息中，应指明遇险船舶的识别号码和位置，并尽可能提供遇险性质和其他有助于搜救的信息。虽然报警是三个方向的，但其中船对岸报警是最重要的，因为岸上可提供各种有效的救助手段，满足各种救助要求。GMDSS 所使用的报警设备的先进性、可靠性和相应组织安排的合理性，使报警迅速，整体系统反应很快，成功报警的概率高，救助成功的可能性很大。

2.搜救协调通信

搜救协调通信是指 RCC 通过岸台或岸站与遇险及参与救助的船舶、飞机以及陆上其他有关的搜救工具进行的直接通信。搜救协调通信是双方交换有关遇险船舶的遇险与安全信息，它具备双向的通信功能，而"报警"通常是单向地传输特定信息。搜救协调通信所采用的方式和方法，应根据遇险船舶及援助船舶的设备和能力而定。

3.现场搜救通信

搜救现场通信是指在救助现场，救助船舶与救助船舶之间，船舶与飞机之间，救助船舶与遇险船舶之间的相互通信，它还包括救助指挥船舶与其他船舶，船舶与救生艇，指挥船舶与救助飞机之间的现场通信。一般情况下，这种通信的距离比较近，通常是使用 GMDSS 中的甚高频或中频通信系统进行短距离通信。有时也可使用 INMARSAT 船站进行现场搜救通信。

4.寻位

寻位是指遇险船舶或救生艇筏发出的一种无线电信号，便于救助船舶和飞机去寻找遇难船舶、救生艇或幸存的人。它具有搜寻定位装置的定位作用。船舶配备的 X 波段雷达能够测得搜救雷达应答器发出的方位和距离信号；船舶自动识别系统（AIS）能够接收搜救 AIS 应答器发出的船舶信息，从而能够在较小方位内快速、可靠地搜寻定位遇险船舶和艇筏。

5.海上安全信息播发

GMDSS 能通过各种手段发布航行警告、气象预报和其他各种紧急信息以保证航行安全，但船舶必须配备接收这些信息的设备。

6.常规的公众业务通信

GMDSS 要求船舶配备的通信设备除了能进行遇险、紧急和安全通信外，还能进行有关的公众业务通信。

7.驾驶台对驾驶台的通信

驾驶台之间的通信是传递有关航行安全等避让信息，这种通信在狭长的水道和繁忙的航道航行中是非常重要的。

第三章　信息化与海洋产业经济

党的二十大报告提出："坚持把发展经济的着力点放在实体经济上，推进新型工业化，加快建设制造强国、质量强国、航天强国、交通强国、网络强国、数字中国。"《国务院关于"十四五"海洋经济发展规划的批复》指出，"优化海洋经济空间布局，加快构建现代海洋产业体系，着力提升海洋科技自主创新能力，协调推进海洋资源保护与开发，维护和拓展国家海洋权益"。当今时代，应把海洋经济发展的着力点放在实体经济上，打造有竞争力的现代海洋产业体系，特别是要推动海洋新兴产业蓬勃发展。

第一节　信息化与养殖产业

中国水产品产量连续 33 年稳居世界第一。据统计，2021 年中国水产品总产量达到 6 693 万吨，人均水产品占有量 47 公斤，是世界人均水平的 2 倍，供给总体充足。中国水产养殖种类超过 300 种，水产养殖产量从 2016 年的 4 793.2 万吨增长至 2021 年的 5 388 万吨。2021 年，养殖水产品产量在总产量中的占比提高至 80.5%，比上一年增长了 3.1%，预计 2022 年将进一步增长至 5 630 万吨。从这个数字可以看出，我国也是世界水产养殖第一大国，养殖水产品产量占世界水产养殖总产量的 60% 左右。

水产品在保障全球食品安全中的作用已引起了世界的高度关注。可也有些亟待解决的问题：近年来人力成本逐年上升，从事渔业的专业化人群逐年稀缺，传统的依靠人力和经验的渔业管理模式将越来越困难。因此，科技化、数据化、智能化成为渔业发展的必由之路。智慧化能有效改善水产生态环境，能显著提高水产养殖生产经营效率，能彻底转变渔业生产者、消费者观念和组织体系结构。

一、近岸养殖

（一）近岸海上养殖

近岸海上养殖业对海洋环境变化高度敏感，需要时刻关注海温、盐度等环境要素的异常变化。信息化技术可以帮助近岸海上养殖业主实现养殖的自动化、智能化、智慧化，让近岸海上养殖看得见、管得着，喂得精、养得好，提升养殖品质，提高投入产出比。

信息化建设对近岸海上养殖的作用主要体现在以下几个方面。

1.鱼群状态实时监控

在渔排网箱中部署水下摄像头，通过5G网络回传到移动的智慧海洋平台，集中监控鱼群的状态，以便及时发现问题采取应对措施，并且满足未来众筹养殖、渔旅、直播卖货等新业务需求。

2.死鱼、杂物和渔网破损巡检

部署水下机器人定期对渔网四边和底部进行检查，查看是否有破损，检查网箱内是否有杂物，提前发现小孔或破损迹象，及时采取应对措施避免渔网大范围破损带来的巨额渔获损失。同时，水下机器人拍摄的视频也可以通过5G网络实时回传到后台。在未来，可利用AI技术做到无人化自动巡检。

3.生蚝尺寸测量和水质监测

水下机器人可以携带激光标尺或水质监测仪等配件，通过5G网络将数据实时传给平台，利用平台的计算能力，对生蚝、扇贝等水产的尺寸进行测算，以便业主及时掌握生蚝、扇贝的生长情况。另外，还能对水质进行检测，方便业主评估和挑选适宜的养殖场所。

4.水下死鱼和杂物清理

渔排水底存在病、死鱼及不干净杂物时会极大地影响水质，同时将疾病传播给其他鱼，带来更大的损失。水下机器人在巡检过程中如果发现死鱼，可以及时利用配套的机械臂/捕网工具将死鱼或杂物清理出来。

未来随着 AI 技术的逐步完善和成熟，智慧养殖方案将进一步完善。例如，可通过 AI 技术识别大黄鱼的尺寸和数量，精确计算渔排产量及鱼饲料的投放量，实现更精准的投入和产出；通过 AI 技术识别大黄鱼的饥饿程度和生病状态等，结合自动喂养设备和鱼病远程诊断系统提升大黄鱼的喂养品质，并降低养殖成本。

近些年，随着海洋环保和海岸带综合治理工作的推进，我国近岸养殖正在快速萎缩，传统的近岸养殖海域逐渐成为观光休闲、游钓、海上运动等多种活动的场所。因此，一些学者建议逐渐取缔近岸海上养殖业且部分地方政府已在行动。近岸养殖向离岸和远海转移是我国海水养殖业的发展趋势和不得已而为之的选择。

（二）设施水产养殖

设施水产养殖业代表着一个国家渔业科技水平，是现代水产养殖业发展的必然趋势。近年来，我国的设施水产养殖业发展很快，在借鉴渔业发达国家经验的基础上，加以集成创新，形成了自己的特色设施水产养殖产业。

1.设施水产养殖模式

我国陆基设施渔业的主要模式如下。

（1）大棚（温室）池塘养殖

大棚（温室）池塘养殖犹如大棚蔬菜种植，是我国的一大特色产业，量大面广，有海水养殖、淡水养殖，有繁育，也有商品鱼养殖，养殖品种很多，如南美白对虾、龟鳖、小龙虾、罗非鱼、石斑鱼等。大棚（温室）池塘养殖旨在通过大棚蓄热保温延长养殖物生长期或实现常年生长，与普通池塘养殖相比，大棚（温室）池塘养殖大幅提高了单位面积产量和效益。

（2）工厂化循环水养殖

这是利用现代技术装备建设起来的，具有可实现养殖生产条件、全人工控制的设施和装备系统，高投入、高产出，是工厂化养殖的高级形式。近年来，山东、辽宁（东部）、天津、江苏、浙江、福建、广东等沿海地区的工厂化养殖发展很快，养殖种类扩展到鱼类、虾类、海参、鲍鱼、藻类等多种水产品。

关于内陆工厂化养殖，全国各地均有不同规模的企业，主要养殖鳗鱼、龟鳖类和名贵鱼类等高附加值的产品，也进行河蟹育苗。工厂化循环水养殖工程设施的设计和建造技术，包括供水与原水处理、循环水处理、机械装备、监测控制系统等，已完全国产化。

2.智慧化设施水产养殖

传统养殖模式早已不适应现代社会发展的需求，智慧渔业代表了水产养殖行业未来的新方向。相信在未来，现代化技术与渔业养殖、管理、经营将深度融合起来，我们也会进入渔业产业信息化、智慧化新时代。

目前，我国的智慧化水产养殖技术已实现与物联网技术的紧密结合。其在水产养殖业中的应用形式主要有：养殖环境实时监控、数字化生产记录、智能化物流管理、体系完善的质量溯源等。这些技术的运用，在增加水产品产量、扩大生产规模、提高产品品质、减少养殖风险、降低资源消耗和人力成本等方面，起到了非常重要的作用。

（1）水产养殖环境监控

实施水产养殖环境监控是把养殖场管理提升到一个全面监控和管理的高度。首先，它把水产养殖基地等生产单位和周边的生态环境视为一个整体，把各种相关因素综合在一起，进行系统、精密分析，保障渔业生产的生态环境在可承受范围内。

目前，我国养殖环境监控主要通过智能传感器实时采集养殖场的温度、湿度、光照度、气压、粉尘弥漫度、有害气体浓度等环境信息，并将这些信息传输到远程服务器，依据服务器端模型控制养殖场的相关设备，进而实现水产养殖场环境的智能管理。

（2）水产养殖精细化管理

在水产养殖场里，人们利用二维码及无线射频等信息技术，实现了基于移动终端的畜禽生长、繁殖、防疫、疾病诊疗等动物生长信息的实时获取和分析。然后，能够按照预先设定的程序进行程序化自动化操作，实现精准控制。在智慧水产养殖方面，我国开发了水质在线监测系统，专家在线鱼病远程会诊系统，水产品质量安全检测及追溯系统，公共信息发布与手机信息预警系统等，并在天津、江苏、上海、福建等水产养殖主产区广泛应用，可以实现自动化精准化操作，从而减少要素投入，节约成本，提高效率。

例如，专家在线鱼病远程会诊系统，可请多个异地专家交互讨论，通过信息共享，实现专家对鱼病的远程会诊，进一步提高鱼病诊断的准确性和便利性。

二、海洋牧场

（一）海洋牧场的基本知识

1.海洋牧场的概念

海洋牧场是以修复海洋生态环境、养护海洋资源为目的的海洋人工渔场。这一概念兴起于日本、韩国，我国于 20 世纪 60 年代第一次提出"海洋农牧化"的战略思想，这一理念在近几年得到了飞速发展，各省市加速推进海洋牧场的现代化建设和科学研究。2013 年，《国务院关于促进海洋渔业持续健康发展的若干意见》明确要求"发展海洋牧场，加强人工鱼礁投放"。2017

年，农业部①印发《国家级海洋牧场示范区建设规划（2017—2025 年）》，明确建设国家级海洋牧场的基本条件和申请程序，提出到 2025 年在全国创建区域代表性强、生态功能突出、具有典型示范和辐射带动作用的国家级海洋牧场示范区 178 个，推动全国海洋牧场建设和管理科学化、规范化。

2.海洋牧场的发展

我国海洋牧场建设的构想由曾呈奎院士于 20 世纪 70 年代提出，即在我国近岸海域实施"海洋农牧化"。1979 年，广西水产厅在北部湾投放了我国第一个混凝土制的人工鱼礁，拉开了海洋牧场建设的序幕。从 1981 年至 1988 年，我国其他沿海 8 个省市均投放了大量的人工鱼礁，体积共计 20 多万立方米，并且取得了良好的经济效益和生态效益。进入 21 世纪以来，沿海各省市充分利用海洋资源，积极进行人工鱼礁和藻场建设，大力发展海洋牧场。

近几年，国家每年都会安排资金在全国沿海地区开展海洋牧场示范区建设。辽宁省是我国较早建设海洋牧场的沿海省份之一，大连的獐子岛已成为现阶段我国最大的海洋牧场，为其他地区海洋牧场的建设起到了示范带动作用。山东省自 2005 年起开始实施山东省渔业资源修复行动计划，在全省沿海大范围开展海洋牧场和人工鱼礁建设，取得了良好成效。连云港海州湾、厦门五缘湾、珠海万山群岛、海南三亚等地也已开始建设不同规模的海洋牧场。浙江舟山市的白沙、马鞍列岛两个海洋牧场示范项目已进入建设实施阶段。

经过多年的发展，我国沿海已建成大量以投放人工鱼礁、移种植海草海藻、底播海珍品等为主要内容的海洋牧场。我国的海洋牧场建设将作为一项长期的战略性产业持续发展，保持宏观政策的连续性。国家将海洋牧场产业列为新兴战略产业加以重点扶持；建立和实施海洋牧场的物权化管理；设置专项研究经费对产业链关键技术实施科技攻关。

---

① 2018 年 3 月，第十三届全国人大一次会议表决通过了关于国务院机构改革方案的决定，批准成立中华人民共和国农业农村部。不再保留农业部。

3.海洋牧场的类型

（1）渔业增养殖型海洋牧场

渔业增养殖型海洋牧场是以渔业生物即海产品增养殖为主的海洋牧场，通常近海沿岸。这类海洋牧场的建设用途主要体现在以下几个方面。

一是科学布局建设投礁型海洋牧场，主要目的是保护自然产卵场，保护濒危物种。

二是开展海珍品增殖及海草场和海草床建设。

三是在人工鱼礁区移植藻类，增殖水产苗种，补充生物资源，建设有利于海洋生物繁衍生长的天然渔场。

（2）养护型海洋牧场

养护型海洋牧场以海洋环境生态养护和修复为主，致力于恢复海洋生物的天然生境，让鱼、虾、蟹、贝自然繁衍、生长，这类牧场通常在近海沿岸。生态修复型海洋牧场是受鼓励的发展方向，这类海洋牧场，以某个海洋水产品种的产卵场、索饵场、越冬场或洄游路线等保护为主，位置设置由海洋水产品种的分布确定。

（3）休闲型海洋牧场

休闲型海洋牧场以发展休闲渔业为主，通常在沿岸，依托渔村、渔港等，主要产品是休闲产品，把休闲渔业、科学探索、科普展示与海洋牧场建设结合在一起。

（二）海洋牧场建设

1.海洋牧场建设的内容

海洋牧场平台被设置在海洋牧场区域内，可以为海洋牧场提供生产管护、生态监测、安全救助、能源补给和海上看护等服务，同时还能开展海上垂钓、观光等休闲旅游活动，是集多功能于一体的海洋牧场平台综合体。建设海洋牧场主要包括三个方面的内容：牧场生态环境构建，牧场生物培育和驯化，配套监管系统搭建。

（1）牧场生态环境构建

想要建设海洋牧场，先要构建牧场生态环境。只有生态环境良好的牧场才能保证投放的海洋生物健康生长。构建海洋牧场生态环境，最常用的方式是投放人工鱼礁。根据所建设海洋牧场的目的，选择合适的人工鱼礁投放到牧场里即可。人工鱼礁可以形成流场效应，提升各个水层的物质交换速率，将沉积在海底的营养物质带到上层水域，为养殖生物提供食物，还可以为藻类和贝类提供附着生长的基质。除了人工鱼礁以外，还可在牧场中建设海藻场，为牧场提供氧气，也为一些鱼类提供食物。

（2）牧场生物培育和驯化

构建良好的海洋牧场生态环境后，就可以进行牧场生物培育和驯化了。育苗时，通常会采用人工育苗和天然育苗相结合的方式，筛选出健康优质的幼苗进行投放。然后通过一些驯养手段，如有规律地投饵、有规律地播放声音、有规律地控制光照等，对牧场内的生物进行驯化，逐步实现目标品种的习性驯化。

（3）配套监管系统搭建

海洋牧场建设还需要监管系统的支持，要搭建智慧海洋牧场管理系统，完善配套的硬件设施，实现水质指标实时监管、水下情况实时监控、海洋牧场安全防护、生物资源统计分析等功能，以保证牧场的安全和稳定。

2.海洋牧场平台信息化建设

科技是第一生产力，在推动我国现代化海洋牧场建设中将起到至关重要的作用。

我国现代海洋牧场平台信息化建设包括以下方面。

（1）海洋牧场评估技术

利用声学生物资源探测和评估技术，建立鱼类资源声学无损探测评估体系，开展基于海洋牧场物种鉴别的声学评估方法研究，建立物种探测分类鉴别技术体系；研究建立基于海底光学摄像系统的水产生物种类和资源量分析评估系统，利用遥感信息技术进行环境因子和资源变动数据模型研究；利用渔具渔法生物调查技术，开展规模化牧场养殖生物生态产出容量和环境承载力评估研究，开发环境影响小、选择效率高、适宜生物调查的渔具渔法，为海洋牧场的建设评估提供准确数据。

（2）海洋牧场生态环境营造技术

完善人工鱼礁建设技术，系统研发各类人工鱼礁材料、结构和建设技术。在鱼礁材料研制方面，大力开展绿色环保、亲生物性的鱼礁材料的开发和利用研究，关注高固碳性礁体材料的开发，建设具有自我生长和自我修复能力的礁体；重点突破大型人工鱼礁关键技术，包括其设计、制作、拼装、运输和投放等一系列技术，为 50 米及更深海域的人工鱼礁建设储备技术，打破国外专业公司对大型人工鱼礁关键技术的垄断，形成具有中国特色和自主知识产权的大型人工鱼礁建设关键技术体系；开展海上各类人工设施的生态环境资源利用技术研究，开发抗风浪能力卓越、适合我国各类深水海域特点的多功能浮鱼礁，加强在浮鱼礁结构和强度设计等方面的研发工作，部署深水多功能浮鱼礁的研发工作，为我国开发南海等离岸海域提供技术保障。

（3）基于海洋牧场生态系统平衡的资源动态增殖管理技术

研发放流区域选择技术，保证放流种类的生存和生长，并使其能够发挥最大的繁殖潜力，确保放流幼体的规格，从而实现最佳的成本/效益核算。研发敌害生物防除技术和可移动式暂养网箱及海上种苗繁育工船等新型高效资源增殖设备；研发放流效应的评估技术，准确评估放流幼体在海洋牧场的存活、生长状况和规律；研发放流幼体成活率提高技术、幼体保活运输技术和装备，实现相关装备的标准化生产。

（4）基于大数据平台的海洋牧场实时监测和预报预警技术

构建基于物联网技术的海水水体环境在线监测系统，实现对水温、盐度、叶绿素、溶氧等海水环境关键因子的立体实时在线监测。研发基于物联网技术的对象生物远程可视化监控与驯化技术和基于标志回捕、无线信号追踪等创新技术方式的鱼贝类行为追踪和分析技术，开发相关设备仪器；研发基于对象生物的行为驯化和控制技术，建立特定鱼种的声学驯化行为控制模型，创新牧场对象鱼种的行为控制方法；研发海洋生物及其群落状态远程可视化观测技术，研究基于海洋环境参数和海洋生物参数的预报预警技术，开发专家决策系统，建立海洋生态环境信息数据库，形成针对对象物种生物耐受极限的海洋牧场环境灾害预警机制，建立灾害预警管理平台。

（5）海洋牧场可持续产出管理技术和产出模式优化

开展针对海洋牧场对象生物的生态型渔具、渔法的研发工作，开发生态保护型采捕技术，提高对象生物捕捞效率，确保海洋生态环境影响最小化；研发基于海洋牧场生态系统的产量评估技术，建立海洋牧场产出最优化评价方法体系；研发基于海洋牧场生态系统的产出规模控制技术，优化海洋牧场产出模式，保障海洋牧场良性可持续生产；建立从苗种、驯化、育成、采捕到销售的海洋牧场全产业链条的连续数据采集和全过程追溯技术，构建海洋牧场综合管理平台。此外，还有生物行为控制技术，生物承载力提升技术，生物资源评估技术，生态模型构建和预测技术，智能捕获装备和配套技术，智能微网构建和能源保障技术等，这些都有待进一步研究。

（三）海洋牧场水上、水下监测

海洋牧场水上、水下监测技术搭载多种监测仪器和传感器，能对海洋生态环境及生产运营情况进行实时采集和数据分析，还能实时监测海洋牧场的水质、水文、气象、鱼群动态、安全信息等指标；对海洋牧场区的生态环境和生产运营进行实时预警、预报；通过雷达、水上视频监控和安防设施对海洋牧场的生产安全进行有序管理；并利用水下视频监控，对人工鱼礁区、底播增殖区等水下目标进行实时监测，实现海洋牧场的可视化。

1.海底"千里眼"——海洋牧场在线观测系统

借助信息系统，可对海洋牧场生态环境进行实时在线监测，可以像看电视直播一样，实时观看到海洋动物的状况。借助海洋牧场在线观测系统，人们不仅能看到海里的视频信息，还能看海里的天气预报。海底"千里眼"能监测海水的温度、盐度、pH 值、浊度等海洋要素，当天气不好时，信息系统会发出预警，人们就能提前保护海洋动物了。

2.海上牧童——海洋牧场音响驯化系统

海洋牧场音响驯化系统可以利用鱼类对声音的特殊反应，用水下扬声器播放固定频率的声音，并结合投饵对鱼类进行驯化，使鱼类对驯化声音产生正趋向反应，向声源聚集成群。海洋牧场音响驯化系统能将分散的个体鱼诱集成群，保证在海洋中放牧的鱼不会跑出去，就在这片海洋牧场区域生活。

三、深远海养殖

深远海养殖指在远离大陆、水深 20 米以下的海区，依托养殖工船或大型浮式养殖平台等装备，并配备深海网箱设施、捕捞渔船、能源供给网络、物流补给船和陆基保障设施，集工业化绿色养殖，渔获物搭载与物资补给，水产品海上加工与物流，基地化保障，数字化管理于一体的渔业综合生产系统，是养、捕、加相结合，海、岛、陆相连接的全产业链渔业生产新模式。由于深远海海域水的交换率高、污染物含量低，因此向深远海海域发展养殖将减轻各种污染物对养殖生物的影响，生产出健康洁净的水产品，为人们提供更多更优质的深海营养源。

近年来，我国智能化技术取得了长足的进步，将智能化技术移植到水产养殖领域，在实施网箱设计、自动投饵、环境参数实时监测和处理、影像自动获取和处理、生物量评估、智能洗网、死鱼收集等方面已基本不存在技术障碍。但是，基于鱼类行为和生理学知识的智能化技术，如智能投饵、智能增氧、智能补光、病害智能检测与评估、环境危险预警等，目前距离实际应用还有很大差距。智能化技术的深层次应用是当下深远海养殖智能化的短板，只有水产养殖、鱼类学、工程和信息技术等方面的专家深度合作研发，才可能真正实现深远海养殖的智能化。

（一）深远海养殖工船的关键技术

作为最先进的可移动养殖管控平台，养殖工船这些年在世界一些先进的水产养殖国家兴起。养殖工船改变了传统渔业产业模式，将海洋养殖从近海拓展到深远海，同时克服了传统深水网箱养殖不可移动的弊端。此外，物联网、大数据、人工智能等现代信息技术与水产养殖生产的深度融合，能有效解决传统渔业养殖转型升级过程中的近海养殖污染等问题。这里以我国"国信1号"养殖工船为例进行分析。

2022年5月20日，"国信1号"养殖工船下水投运，这是全球唯一一艘建成并运营的10万吨级智慧渔业养殖工船，排水量相当于两艘常规动力航母。"国信1号"大型养殖工船颠覆了传统渔业养殖模式，以我国自主研发的船舶适渔性设计为基础，集合养殖水体交换、智能投饲、水质调控、减振降噪和智能集控等系统，将水产养殖由陆地、近岸拓展到深远海，构建养殖环境因子可控的高效绿色、低碳环保的工业化养殖模式。

据媒体披露，养殖工船的构想大致可追溯到四五十年前。当时，渔机所研究员丁永良长期跟踪海上工业化养鱼研发进程。他在梳理、总结海上工业化养鱼理论后提出了养殖工船的概念，并指出养殖工船需要构建全过程"完全养殖"，自成体系，独立生产，要实现机械化、自动化、信息化，同时注重结合旅游、绿色食品、全年生产、后勤保障等技术方向，为我国封闭式养殖工船技术研发构建了基本的体系框架。20世纪70年代，中国工程院院士、中国水产科学研究院黄海水产研究所研究员雷霁霖在构想"未来海洋牧场"建设蓝图时，就提出了海上养鱼工厂的初步设想。

封闭式养殖工船将引领海水养殖进入规模化、工业化、自动化、智能化的现代渔业阶段。"国信1号"养殖工船之所以被称为"渔业养殖航母",不仅大还要强,其背后的创新技术最有说服力。"国信1号"养殖工船突破了船载舱养、减振降噪、水体交换、关键养殖、智能集控等关键技术。

1.船载舱养技术

"国信1号"能跟随水温变化调节锚地,在船载舱养模式下,养殖工船可根据鱼类养殖特性在选定的锚地之间依据水温和环境变化自航转场,选择水温、洋流、气候等最合适的海域养殖,让大黄鱼始终处于适宜生长的温度环境,生长速度大大提升。"国信1号"还研发配备了高效节能舱养增氧设备,智能光控系统,以及气提死鱼与污物自动化清除设备。

2.减振降噪技术

大黄鱼是应激反应相对强烈的养殖鱼种,对养殖环境的静音要求较高,但是深海海水的背景噪声本身就超过 100 分贝,这给工船的降噪带来了极大困难。"国信1号"进行了多项降噪技术改进,经过测试,目前"国信1号"航行工况和养殖工况下养殖舱内水下噪声最大为136分贝和140分贝,这样的测试结果超越了静音级科考船水平。

3.水体交换技术

为模拟海洋洋流,形成适合鱼儿游动的旋转流场,海水通过排水管道溢流至舷侧完成水体交换,形成旋转流场,"国信1号"养殖舱内水体流速始终保持在 0.2~0.4 米/秒,旨在模拟鱼类生活的自然环境,从而保证养殖鱼的活力。

4.关键养殖技术

"国信1号"已明确了工船养殖大黄鱼的最佳生长环境关键指标,优化了饲料营养、投喂策略、病害防控、养殖密度、生长特性等关键养殖工艺参数。

5.智能集控技术

"国信1号"构建了船端智能化管控中心和基于岸基的船岸一体化智慧云平台,全船监测点对舱内水、氧、光、饲、鱼进行集中控制与实时监测,养殖生产数据可通过船岸一体化系统实时传输到岸基,实现了船岸一体联动、岸基远程监控,从而实现智慧养殖。在工船的养殖监控室内,工作人员可以通过屏幕监控全船的氧气系统、投饲系统、光照系统等各类系统的运作状况,实时监测养殖舱内水体的温度、盐度和酸碱度。

(二)深远海养殖平台监控

1.深远海养殖平台

深远海养殖平台是指放置在低潮位水深超过 15 米且有较大浪流的开放性水域,在离岸 3 海里外岛礁水域或养殖水体超过 10 000 立方米的海水养殖网箱平台。深远海养殖的特点是离岸距离远、工作环境恶劣、人工巡检不便。这对养殖水域的水文、水质、气象信息的监控,养殖设备的远程控制与维护,以及养殖过程管理提出了更高的要求。

随着新一代信息通信技术与计算机技术的融合发展,通过微电子技术,远程通信技术,先进的控制理论,集成多种能源形式的供能与能源管理,抗台风、抗风浪的自平衡沉降,网箱自动投喂,养殖环境监测,养殖过程监控与管理系统,可实现养殖装备与系统设备、传感器的全面集成,实现深远海养殖的远程监控,形成无人值守的网箱养殖系统,实现深远海养殖的网络化、智能化,实现养殖装备与养殖过程的全生命周期的精准化与智能化管理。

2.深远海养殖控制系统关键技术

深远海养殖控制系统,建立在分布式网络体系和分层架构体系中,至少涵盖人机交互界面、处理计算、数据采集等层面,系统基于模块化软件设计思路,利用功能区块实现监测、报警、控制、防护等功能,可以自动存储系统的修改变更,控制系统通过专用冗余处理计算器和智能输入/输出单元进行实时处理和计算。系统应满足可操作性、可移植性、可扩展性等方面的要求。系统通过一个通用通信基础设施集成渔业养殖平台主要监测和控制任务模块,这些任务模块由专用处理控制器、通信段和外围设备组成的自主子系统执行,利用一个通用技术平台尽可能集成所有子系统和相关硬件、软件,单一子系统的失效不影响控制系统内其他子系统的操作。

3.深远海养殖平台控制系统框架体系

（1）深远海养殖云边协同控制系统总体框架

根据智慧渔业的发展目标以及深远海养殖控制系统的基本需求，深远海养殖控制系统被设计成一个分布式网络集散控制系统，实行分布式智能控制模式，其控制方式分为现场设备级、操作站级、中心控制级，分别部署在仪器设备现场、网箱平台集控室、岸基指挥控制中心。深远海养殖平台控制系统，按照分布式智能控制的核心理念，利用计算机技术、控制技术、网络通信技术、图形图像技术，将传感器、执行器、控制器组成多层结构体系下的冗余备份网络通信系统，通过网络形成闭环回路，在各功能模块化的控制节点或子系统间传递控制和管理信息，结合相应控制策略和方法完成复杂的整体控制功能而形成分布式控制系统，实现管理与控制的分离，实现分布式智能控制，使现场控制层到管理层实现全面的无缝信息集成，实现全系统的资源共享、集成自动化、协调运行。

针对深远海养殖多层冗余控制和全面信息集成的要求，本书设计出基于云边协同的养殖平台控制系统总体框架体系，在云计算的开放架构中引入边缘计算的协同控制技术，在中心云和边缘节点之间合理分配数据、资源和服务，以发挥中心云的集中计算能力和边缘节点的分布计算能力。基于云边协同的养殖平台控制系统，充分利用"端—边—网—云"灵活部署的特点，将对实时性要求高、数据处理量小的功能部署在边缘侧，将对实时性要求低、数据处理量大、对计算处理要求高的功能和服务部署在云端，可实现网箱平台综合监控中心、区域岸基指挥控制中心、产业生态云平台的灵活部署，满足不同深远海养殖模式的需求。

深远海养殖控制系统的现场设备控制层，依托分布在网箱平台的现场设备对单个子系统、设备或工艺单体进行手动或自动控制。当系统设备进行设备检修或紧急切断时，采用现场控制方式。现场控制级是分布式网络控制系统的关键部分，直接关系到控制系统的实时性与稳定性，现场控制层由多个控制器通过现场总线连接现场的执行器、传感器和智能网关或远程终端装置（RTU）构成，实现养殖平台现场设备的集成互联与控制或传感器数据的采集，达到养殖平台操作变量及设备运行状态数据采集和监视控制的目的。

深远海养殖控制系统的操作站控制层，依托部署在养殖网箱平台集控室的边缘计算节点，通过边缘节点网络的协作，对养殖平台在运设备状态进行数据采集、监视控制和联锁保护，实现网箱平台本地设备层的传感器、机器人、自动化设备的数据接入，提供数据采集与数据处理服务。边缘节点配置实时数据服务器、历史数据服务器、Web 服务器、视频服务器、通信服务器，通过以太网交换机和路由器组成现场总线以太网，完成控制系统的边缘侧部署。通过边缘节点进行本地数据处理，降低了数据处理和传输时延，从而提高了时效性，提高了控制系统的精确度。

深远海养殖控制系统的云中心控制层，依托部署在岸基指挥控制中心的云中心节点，通过无线高带宽远距离自组网桥，实现与网箱平台的双向通信，将边缘侧接入云端，实现大量、分布的传感器、自动化设备以及机器人的数据接入，构建基于养殖模型的渔业养殖大数据平台，实现云端远程的状态监测、设备管理、能源管理、故障诊断、数据可视化、决策支持等服务，形成深远海智能养殖的数据、算法、模型、服务四位一体的云控制中心，增强控制系统的数据计算与处理能力。养殖平台集控室的控制权限由岸基指挥控制中心配属，经指挥控制中心授权后，才允许具有权限的操作人员通过站控系统或 RTU 对系统设备进行授权范围内的操作。通常情况下，指挥控制中心完成各个养殖平台的监控，当指挥控制中心与养殖平台发生通信链路故障或系统维护检修时，由养殖平台集控室操作站完成对平台系统设备的监视和控制。

养殖产业生态云平台，通过网络与岸基指挥控制中心的互联互通，完成养殖平台的控制系统与产业公有云对接，构建深远海养殖大数据平台，可实时对深远海养殖渔场、渔业养殖保障支持船、鱼苗培育基地、生产加工基地、物流配给基地、冷链储藏基地的运行状态进行监测控制，对深远海养殖的育苗、养殖、加工、储藏、物流、销售进行全过程的运营管理和决策指挥，形成深远海渔场的全过程智能化养殖方式和陆海联动的运营管理模式，打通深远海养殖产业价值链，打造深远海智能养殖产业生态。

（2）深远海养殖平台控制系统功能结构体系

深远海养殖平台所处海域的水深为 50～100 米，主要由支撑平台的浮体和立柱提供足够的浮力，由平台的系泊系统定位于固定海域。平台配置了能源动力、消防探测、灯光照明等通用系统，平台姿态仪、结构应力监测系统、环境监测系统、鱼群密度监测系统、死鱼识别系统、网衣状态监测及防逃逸报警系统等针对平台、鱼群、网衣的监控系统，同时还配置了投喂系统、死鱼处理系统、网衣清洗系统、供气补氧等养殖专用系统。想要长期抵御恶劣的海洋环境，及时了解养殖平台的状态和养殖情况，还要利用养殖平台的控制系统对平台所处环境及其系统设备进行长期监测和控制，以保证渔业养殖平台正常运作、安全作业。

深远海养殖平台控制系统，通过设备的集成互联，实现对深海渔业养殖平台的设备、环境、鱼群状态的实时监控，还可以远程启停饲料投喂、供气供氧、网衣清洗等关键系统设备，实现深远海养殖的自动化、数字化、智能化，达到精细化、精量化、精准化的规模化工业养殖目标。

结合深远海养殖平台控制系统的基本需求和功能需求架构，为揭示养殖平台控制系统及系统设备间的功能关系，在综合分析养殖平台、通用系统、专用系统、养殖环境、鱼群状态等监控内容的基础上，本书提出深远海养殖平台控制系统的功能结构体系，将控制系统划分为几大功能模块，分别是养殖专用设备、鱼群监控、环境监测、通用系统设备、仿真管理工具、网箱平台监控、管理服务、地图与大数据可视化、养殖大数据。

第二节 信息化与海洋捕捞业

海洋捕捞业是利用各种渔具（如网具、钓具、标枪等）在海洋中从事具有经济价值的水生动、植物捕捞活动，是海洋水产业的重要组成部分。按捕捞海域距陆地远近，分为沿岸、近海、外海和远洋等捕捞业。捕捞渔具主要有拖网、围网、流刺网、定置网、张网、标枪等，其中以拖网、围网为主。海洋捕捞业具有工业性质，其捕捞水平的高低，既与海洋经济生物资源的蕴藏量、可捕量有关，也与一个国家或地区工业发达程度，渔船、网具、仪器等生产能力和海洋渔业科研水平关系很大，不同的是海洋经济生物资源具有自然再生性。海洋捕捞业一般具有距离远、时间性强、鱼汛集中、水产品易腐烂变质和不易保鲜等特点，故需要作业船、冷藏保鲜加工船、加油船、运输船等相互配合，形成捕捞、加工、生产、运输以及生活供应综合配套的海上生产体系。

一、渔船应急报警

（一）船舶报警装置

船舶报警装置是预防事故发生的关键设备，主要应用在船舶主动力装置、信号设备、消防系统等重要设施上。报警装置正常运行时能及时监测机器设备、场所的异常状况，通过警报提醒值班船员进行处理，能有效地防止重大机损事故，最大限度地减少损失。船舶报警装置常见缺陷多是船舶自查或日常维护保养不到位造成的。船舶报警装置主要类型如下。

1.高压油管泄漏报警装置

（1）法规要求

《内河船舶法定检验技术规则（2019）》规定，客船和总吨大于等于 500

的货船，位于高压燃油泵与燃油喷油器之间的所有外部高压燃油输送管路，应设有一个能够容纳因高压管路破裂对漏出的燃油加以保护的套管管路系统。这种套管包括内装高压燃油管的外管，构成一固定组装件。套管管路系统还应包括一个收集漏油的装置，以及一个燃油管路故障报警装置。

（2）常见缺陷

主机高压燃油管未设置漏油报警装置；燃油管路故障报警装置失灵；主机高压燃油管漏油报警信号未延伸至机舱集控站；主机高压燃油管防护外壳缺失；主机高压燃油管的漏油集合管系缺失。

2.舵机工作油箱低液位报警装置

（1）法规要求

《内河船舶法定检验技术规则（2019）》规定，舵机工作油箱应设液位计和低液位报警装置，以便确切和尽早地指示液体泄漏。低液位报警装置应在驾驶室和机器处所内易于观察的地方发出听觉和视觉报警信号。

注意事项如下：

①应设保持液体清洁的设备。

②工作油箱应设液位计，若工作油箱置于舵机室时，应设液位报警器。

③储存油柜的容量应足以为一套液压操舵系统进行再充液，并应设液位计。

（2）常见缺陷

舵机工作油箱未安装低液位报警装置；低液位报警装置失灵；舵机工作油箱未设置液位计。

3.滑油报警装置

（1）法规要求

《内河船舶法定检验技术规则（2019）》规定，输入功率大于 370 千瓦的齿轮传动装置应设有滑油低压报警装置。输入功率大于 1 470 千瓦的齿轮传动装置还应设有滑油高温报警装置。

（2）常见缺陷

未设置滑油低压报警装置；未设置滑油高温报警装置；滑油低压报警装置失灵；滑油高温报警装置失灵。

4.航行灯控制箱报警

（1）法规要求

《内河船舶法定检验技术规则（2019）》规定，航行灯控制箱应设有每只航行灯发生故障的听觉和视觉报警信号装置。

（2）常见缺陷

航行灯控制箱故障报警失灵；航行灯控制箱报警面板未标识对应信号灯。

5.舱底水监测报警装置

（1）法规要求

《内河船舶法定检验技术规则（2019）》规定，自卸砂船应设置专用的货舱排水管系、独立的舱底水管系及舱底水位监测报警装置。

（2）常见缺陷

未设置舱底水位监测报警装置；舱底水位监测报警装置失灵。

6.消防火警报警装置

（1）法规要求

根据《内河船舶法定检验技术规则（2019）》规定，下列船舶应设置供发现火灾、人员立即通知驾驶室或值班室的手动报警装置：

①旅游船、客滚船和船长大于等于 30 米的其他客船。

②滚装货船及总吨大于等于 2 000 的其他货船。

③总吨大于等于 1 000 的油船。

④主机总功率大于等于 735 千瓦的自航工程船和推（拖）船。

手动报警装置的手动报警按钮应遍及起居处所、服务处所、控制站。每一通道出口处应装有一个手动报警按钮；在每一层甲板的走廊内，手动报警按钮的位置应便于到达，且从走廊内任意位置步行至任一手动报警按钮的距离应不超过 20 米。

（2）常见缺陷

手动报警装置失灵；未按检验规则要求设置火警警报系统，未在规定的位置设置手动报警装置；火警警报系统控制器失灵；火警警报系统无应急电源；船上未配备火警警报系统使用说明书；未张贴火警警报系统操作规程。

报警装置是船舶维护保养容易忽视的项目，安检员开展检查时要加强相关知识的宣传，充分阐明报警装置不处于正常状态时可能导致的严重后果，消除船员的侥幸心理。同时，要提醒航运公司树立责任意识，既要督促船员认真开展开航前自查及设备日常维护保养工作，也要提供有效的岸基支持，避免船舶"带病"航行。

（二）船舶海上报警

中国海警海上报警电话于 2019 年 7 月 10 日正式开通，全国 12 个报警平台上线运行，同时接入 37 路报警电话，拨打报警电话后可自动接入属地海警机构报警平台，实现了"一线到警"，提高了处警效率。

按照"属地管辖、就近处警、快速出警"原则，中国海警局科学划分海上责任区，优化报警接收模式，在全国范围内及通信网络覆盖的近海海域直接拨打 95110，超出通信网络覆盖范围的中远海或国外地区可通过国际长途或海事卫星电话拨打，满足近岸、近海、远海报警需求。

95110 报警平台主要受理的报警求助范围如下：

①海上发生的刑事案件和治安案（事）件。

②海上发生的走私案件（行为）。

③非法围填海，擅自改变海域使用用途，未经批准开发利用无居民海岛，未经批准或未按规定进行海底电缆管道作业，以及破坏海底电缆管道等行为。

④破坏海洋自然保护地（海岸线向海一侧）等行为。

⑤海洋工程建设项目、海洋倾倒废弃物造成海洋环境污染损害等行为。

⑥机动渔船底拖网禁渔区线外侧和特定渔业资源渔场发生的渔业违法违规行为和涉渔纠纷。

⑦其他需要海警处置的报警或求助。

（三）海上遇险和求助信号

国际海事组织第 25 届大会于 2007 年 11 月 29 日以第 A.1004（25）号决议通过了经修正的《1972 年国际海上避碰规则》的修正案。修正案的附件规定了"遇险信号"。

下列信号在一起或单独使用或展示时，表示遇险和需要救助：

①约每隔 1 分钟开一枪或发出其他爆炸信号。

②用任何雾号装置连续发声。

③火箭或炮弹，以短暂间隔每次一发抛出红星。

④以《摩斯信号规则》的···—···（SOS）信号组构成的任何信号方法发出的信号。

⑤用无线电话发出的由口说的"MAYDAY"一词组成的信号。

⑥由 N.C.表示的《国际信号规则》的遇险信号。

⑦由下列者构成的信号：在一四方旗的上方或下方有一个球或球状物。

⑧船舶上的火焰（如点燃的沥青桶或油桶等发出的火焰）。

⑨发出红光的火箭降落伞闪光信号或手提火焰信号。

⑩发出橙色烟的烟号。

⑪将从两侧伸展的手臂慢慢反复举起和放下。

⑫通过在下列频道或频率上发出的数字选择性呼叫（DSC）发出的遇险警戒：甚高频第 70 频道，或 2 187.5 千赫、8 414.5 千赫、4 207.5 千赫、6 312 千赫、12 577 千赫或 16 804.5 千赫频率上的中频／高频。

⑬船舶的 Inmarsat 或其他移动卫星业务提供商的船舶地球站发出的船到岸遇险报警。

⑭应急无线电示位标发送的信号。

⑮包括救生筏雷达应答器在内的无线电通信系统发出的经核准的信号。

禁止为指示遇险和援助需要以外的其他目的使用或展示任何上述信号。禁止使用可能与任何上述信号混淆的其他信号。

二、船舶避碰及导航

（一）准确的目标识别技术

1.古代船舶识别技术

船舶识别技术主要用于船舶身份辨认、船舶航行状态确认以及船舶发出的警示信号的识别。在无线电技术出现之前，船舶识别的主要方式包括视觉识别和听觉识别。视觉识别所用的设备包括信号旗、烟火号、号灯、号型设备等；听觉识别主要使用号钟、号锣、雾炮等发声设备传递信息。这两类船舶识别方式共同的特点是信息传递需遵循共同的规则，信息传递的距离受视觉和听觉距离限制。

2.现代船舶识别技术

（1）航海雷达

第二次世界大战之后，雷达技术在多个领域转为民用，应用于船舶导航的雷达称为船舶导航雷达亦称民用航海雷达，也称为航海雷达或船用雷达。雷达应用于船上，由于具有操作简单、受能见度影响小、探测距离远和测量精度高等优点，立即成了驾驶员赖以瞭望、观测、定位、导航和避碰的重要航海仪器，称为"船长的眼睛"。

（2）船舶自动识别系统

船舶自动识别系统（AIS）是工作于无线电甚高频（VHF）频段的一种船舶数字通信系统。设置 AIS 的目的是实现自动船舶识别、协助目标跟踪、减少话音报告、简化信息交换并提供附加信息，以帮助人们了解船舶交通状况。

装载在船舶上的 AIS 设备可自动提供本船和获取他船的静态信息、动态信息，以及与航行相关的其他信息。从技术角度讲，AIS 是一种通信系统；从功能角度讲，AIS 是一种新型的助航系统；从使用角度讲，AIS 是一种船舶交通安全信息服务系统。除了用于船舶之间避碰以外，它还能为船岸之间搭建一个信息交互的平台。设置在岸基的 AIS 设备，可自动接收船舶信息，经分析处理，为船舶提供辅助决策信息，为船舶交通管理和搜寻救助提供帮助。

（二）驾驶和航行规则

1.瞭望

每一船舶应经常用视觉、听觉以及适合当时环境和情况下一切有效的手段保持正规的瞭望，以便对局面和碰撞危险作出充分的估计。

2.安全航速

每一船舶在任何时候应用安全航速行驶，以便能采取适当而有效的避碰行动，并能在适合当时环境和情况的距离以内把船停住。

在决定安全航速时，考虑的因素应包括以下内容。

（1）对所有船舶

①能见度情况。

②通航密度，包括渔船或者任何其他船舶的密集程度。

③船舶的操纵性能，特别是在当时情况下的冲程和施回性能。

④夜间出现的背景亮光，诸如来自岸上的灯光或本船灯光的反向散射。

⑤风、浪和流的状况以及靠近航海危险物的情况。

⑥吃水与可用水深的关系。

（2）对备有可使用雷达的船舶

①雷达设备的特性、效率和局限性。

②所选用的雷达距离标尺带来的任何限制。

③海况、天气和其他干扰源对雷达探测的影响。

④在适当距离内，雷达对小船、浮冰和其他漂浮物有探测不到的可能性。

⑤雷达探测到的船舶数目、位置和动态。

⑥当用雷达测定附近船舶或其他物体的距离时，可能对能见度作出的更确切的估计。

3.碰撞危险

①每一船舶应用适合当时环境和情况的一切有效手段断定是否存在碰撞危险，如有任何怀疑，则应认为存在这种危险。

②如装有雷达设备并可使用的话，则应正确予以使用，包括远距离扫瞄，以便获得碰撞危险的早期警报，并对探测到的物标进行雷达标绘或与其相当的系统观察。

③不应当根据不充分的资料，特别是不充分的雷达观测资料作出推断。

④在断定是否存在碰撞危险时，考虑的因素中应包括下列各点：如果来船的罗经方位没有明显的变化，则应认为存在这种危险；即使有明显的方位变化，有时也可能存在这种危险，特别是在驶近一艘很大的船舶或拖带船组时，或是在近距离驶近他船时。

4.避免碰撞的行动

①为避免碰撞所采取的任何行动，如当时环境许可，应积极地并应及早地进行和注意运用良好的船艺。

②为避免碰撞而作的航向和（或）航速的任何变动，如当时环境许可，应大得足以使他船用视觉或雷达观察时容易察觉到；应避免对航向和（或）航速做一连串的小变动。

③如有足够的水域，则单用转向可能是避免紧迫局面的最有效行动，倘若这种行动是及时的、大幅度的，并且不致造成另一紧迫局面。

④为避免与他船碰撞而采取的行动，应能保证在安全的距离驶过。应细心查核避让行动的有效性，直到最后驶过让清他船为止。

⑤如需避免碰撞或须留有更多时间来估计局面，船舶应当减速或者停止或倒转推进器把船停住。

5.狭水道

①船舶沿狭水道或航道行驶时，只要安全可行，应尽量靠近本船右舷的该水道或航道的外缘行驶。

②帆船或者长度小于 20 米的船舶，不应妨碍只能在狭水道或航道以内安全航行的船舶通行。

③从事捕鱼的船舶，不应妨碍任何其他在狭水道或航道以内航行的船舶通行。

④船舶不应穿越狭水道或航道，如果这种穿越会妨碍只能在这种水道或航道以内安全航行的船舶通行。后者若对穿越船的意图有怀疑时，可以使用规定的声号。

⑤在狭水道或航道内，如只有在被追越船必须采取行动以允许安全通过才能追越时，则企图追越的船，应鸣放规定的相应声号，以表示本船的意图。被追越船如果同意，应鸣放规定的相应声号，并采取使之能安全通过的措施。如有怀疑，也应鸣放规定的声号。

⑥船舶在驶近可能被居间障碍物遮蔽他船的狭水道或航道的弯头或地段时，应特别机警和谨慎地驾驶，并应鸣放规定的相应声号。

⑦任何船舶，如当时环境许可，都应避免在狭水道内锚泊。

6.分道通航制

①使用分道通航制区域的船舶应：在相应的通航分道内顺着该分道的船舶总流向行驶；尽可能地让开通航分隔线或分隔带；通常在通航分道的端部驶进或驶出，但从分道的一侧驶进或驶出时应与分道的船舶总流向形成尽可能小的角度。

②船舶应尽可能避免穿越通航分道，但如不得不穿越时，应尽可能与分道的船舶总流向成直角穿越。

③凡可安全使用邻近分道通航制区域中相应通航分道的过境航行，通常不应使用沿岸通航带。

④除穿越船外，船舶通常不应进入分隔带或穿越分隔线，除非：在紧急情况下避免紧迫危险；在分隔带内从事捕鱼。

⑤船舶在分道通航制区域端部附近行驶时，应特别谨慎。

⑥船舶应尽可能避免在分道通航制区域内或其端部附近锚泊。

⑦不使用分道通航制区域的船舶，应尽可能远离该区。

⑧从事捕鱼的船舶，不应妨碍按通航分道行驶的任何船舶的通行。

⑨帆船或长度小于 20 米的船舶，不应妨碍按通航分道行驶的机动船的安全通行。

（三）船舶在互见中的行动规则

1.帆船

①两艘帆船相互驶近致有构成碰撞危险时，其中一船应按下列规定给他船让路：两船在不同舷受风时，左舷受风的船应给他船让路；两船在同舷受风时，上风船应给下风船让路；如左舷受风的船看到在上风的船而不能断定究竟该船是左舷受风还是右舷受风，则应给该船让路。

②就本条规定而言，船舶的受风舷侧应认为是主帆被吹向的一舷的对面舷侧；对于帆船，则应认为是最大纵帆被吹向的一舷的对面舷侧。

2.追越

①任何船舶在追越任何他船时，均应给被追越船让路。

②一船正从他船正横后大于 22.5 度的某一方向赶上他船时，即该船对其所追越的船所处位置，在夜间只能看见被追越船的尾灯而不能看见它的任一舷灯时，应认为是在追越中。

③当一船对其是否在追越他船有任何怀疑时，该船应假定是在追越，并应采取相应行动。

④随后两船间方位的任何改变，都不应把追越船作为规则各条含义中所指的交叉船，或者免除其让开被追越船的责任，直到最后驶过让清为止。

3.对遇局面

①当两艘机动船在相反的或接近相反的航向上相遇致有碰撞危险时，各应向右转向，从而各从他船的左舷驶过。

②当一船看见他船在正前方或接近正前方，并在夜间，能看见他船的前后桅灯成一直线或接近一直线，和（或）两盏舷灯；在日间，看到他船的上述相应形态时，则应认为存在这样的局面。

③当一船对是否存在这样的局面有任何怀疑时，该船应假定确实存在这种局面，并应采取相应的行动。

4.交叉相遇局面

当两艘机动船交叉相遇致有碰撞危险时，有他船在本船右舷的船舶应给他船让路，如当时环境许可，还应避免横越他船的前方。

5.让路船的行动

须给他船让路的船舶，应尽可能及早采取大幅度的行动，宽裕地让清他船。

6.直航船的行动

①两船中的一船应给另一船让路时，另一船应保持航向和航速。然而，当保持航向和航速的船一经发觉规定的让路船显然没有遵照规定采取适当行动时，该船即可独自采取操纵行动，以避免碰撞。

②当规定保持航向和航速的船，发觉本船不论由于何种原因逼近到单凭让路船的行动不能避免碰撞时，也应采取最有助于避碰的行动。

（四）船舶在能见度不良时的行动规则

该行动规则适用于在能见度不良的水域中或在其附近航行时相互看不见的船舶。每一船舶应以适合当时能见度不良的环境和情况的安全航速行驶，机动船应将机器做好随时操纵的准备。

一船仅凭雷达测到他船时，应判定是否正形成紧迫局面和（或）存在着碰撞危险。若是如此，应及早地采取避让行动，这种行动如包括转向，则应尽可能避免如下各点：

①除对被追越船外，对正横前的船舶采取向左转向。

②对正横或正横后的船舶采取朝着它转向。

除已断定不存在碰撞危险外，每一船舶当听到他船的雾号显示在本船正横以前，或者与正横以前的他船不能避免紧迫局面时，应将航速减到能维持其航向的最小速度。必要时应把船完全停住，而且无论如何应极其谨慎地驾驶，直到碰撞危险过去为止。

（五）船舶导航

最古老的航海导航的方法是罗盘和星历导航。最开始，人类通过观察星座的位置变化来确定自己的方位。后来，中国人发明了指南针，指南针又发展成为人类广泛使用的磁罗经。在随后的两个世纪里，人类综合利用星历知识、指南针和航海表来进行导航和定位。卫星技术应用于海上导航，可追溯到 20 世纪 60 年代的第一代卫星导航系统——子午仪（Transit）卫星导航系统，但是它有不连续导航、定位的时间间隔不稳定等缺点。20 世纪 90 年代建成的全球定位系统（GPS），克服了 Transit 卫星导航系统的局限性，而且提高了定位精度，可进行连续导航，有很强的抗干扰能力。GPS 在航海导航中发挥了重要作用。

在北斗导航系统建成以前，我国的船舶定位主要靠 GPS。2020 年，北斗三号全球卫星导航系统正式建成启用，这标志着我国也有了自主知识产权的导航系统。北斗系统的全球覆盖，不仅打破了 GPS 的垄断，也为我国提供了一种更加安全和精确的导航定位途径。

1.北斗导航技术简介

北斗导航技术属于卫星定位的技术范畴，其主要由空间设备、地面设备和使用终端三部分构成，空间设备就是空间运行的卫星，我国的北斗导航卫星有静止轨道卫星、同步轨道卫星和中圆轨道卫星三种类型。地面设备主要是在地球表面的主控设备、时间同步/注入站和监测设备等若干地面站设备，以及星间链路运行管理设备。使用终端就是在用户端的北斗，兼容其他卫星导航系统的芯片、模块、天线等基础产品，以及终端产品、应用系统与应用服务软件等。

2.北斗导航技术的应用

在船舶定位中，北斗导航技术的应用系统主要由两部分组成，分别是北斗船舶定位系统船载装置和北斗电子海图信息控制系统。

（1）北斗船舶定位系统船载装置

北斗船舶定位系统船载装置的主要作用是接收和发出指令，当船舶有定位需求时，向岸基地面控制中心发出请求定位申请信号，并通过船载北斗定位系统中的定位模块获取船舶的位置数据。如果岸基地面控制中心要获取船舶位置，北斗船舶定位系统船载装置则主要接收由北斗导航卫星中装的地面控制中心的定位申请信号，并利用北斗导航系统中特有的短报文通信功能将船舶动态数据打包封装，再通过短报文数据返回北斗导航卫星中装的地面控制中心。

船载装置采用模块化设计方式，其内部组成主要有五个部分，分别是北斗天线模块、中央数据运行模块、北斗定位模块、数据采集模块及电源模块。

北斗天线模块又包括三个子模块，分别是天线、射频模块、基带模块，三个子模块共同完成北斗信号的捕获、跟踪、解调、译码、伪距与伪距率参数测量过程。其工作原理是天线接收北斗卫星信号，并将接收的原始数据传输给射频模块，通过射频模块对原始信号数据进行低噪放处理，并进一步做变频处理，降低信号的载波频率。而基带模块则要将变频后的北斗卫星信号从众多的信号中提取出来（即信号的捕获过程），再持续输出北斗卫星信号（即跟踪过程），在此基础上将信号解调成基带信号（即解调过程）；接着完成译码过程，并根据北斗卫星传输过程中的误差进行伪距与伪距率参数测量；最终，将处理后的信号交由中央处理模块进行处理。

中央数据运行模块。中央数据运行模块一方面协调其他几个模块之间的工作，同时也要运算分析其他模块获取的定位原始数据，把不同数据通信格式转换为系统默认的格式，并将转换后的数据存储在相应的存储器内，接着将处理后的数据显示在系统图像输出装置上，并监测卫星通信、传感器的工作状态，确认供电状态的有效值，同时从天线传输的帧数据中提取信号发送时间、本地接收时间、导航电文等定位解算需要用到的数据，并把它们存入全局变量，供解算模块使用，经过数据类型判别，并按照系统默认协议格式进行封装后，传送给系统中北斗定位模块。最后将系统中北斗定位模块计算处理后的数据回传给天线模块，并发出相应的动作指令。

北斗定位模块。该模块是经由系统数据接口，将船舶实时航行速度、航行方向等原始数据参数传输给中央数据运行单元，并接收中央数据运行单元的申请指令，在按照特定的通信协议转换后，通过系统的接口将位置信息和一些航行数据发送给中央数据运行模块。船舶位置信息包含船舶实时的自测经纬度以及请求定位时间等。

数据采集模块。数据采集模块的工作内容是收集、提取船舶上传感器发出的实时数据，并通过系统接口将这些原始数据传输给中央数据运行单元，船舶机舱内的传感器采集船舶各部件的运行数据，然后发送给中央数据运行单元。

（2）北斗电子海图信息控制系统

北斗电子海图信息控制系统也就是北斗导航技术在船舶定位中的应用软件系统，包括系统控制软件和电子海图信息库两部分。

系统控制软件。在北斗导航船舶定位系统中，船舶操控人员要实时获得自己的位置、速度、时间等信息，这就需要在船舶定位系统中嵌入操作系统。操作系统控制船载装置的天线连续实时接收北斗导航卫星信息，在装置的显示器上显示在船舶上方北斗导航卫星的数目，在地球轨道的位置以及该卫星目前所处的方位角，并在系统的卫星图像上显示实时运行变化情况，不断计算出船舶定位系统天线和船舶数据采集模块采集的数据（如航海速度、方向等信息），之后进行汇集并进行综合计算，随后根据北斗电子海图信息库图形进行叠加，将船舶当前的位置及航速、方向等显示在电子海图上，为船舶的控制人提供数据参考。

电子海图信息库。在北斗导航船舶定位系统中，电子海图界面是十分重要的，因为在定位系统中的海图界面可以直接显示船舶当前所处的位置，通过这种图形界面可以直观地对系统进行操作。电子海图的制作，目前多采用墨卡托投影法（又称麦卡托投影法），也可以利用现有的电子海图，对北斗卫星的位置信息数据进行转换。电子海图的系统控制界面，可以极大地帮助船舶的操控者随时监控航海的线路，同时当船舶在近岸航行或在远岸航行时，电子海图的系统控制界面会对该海域的暗礁和浅滩等障碍物进行标注，以避免事故的发生。

北斗导航系统的开通，将对我国的远洋航运产生深远影响，一方面可以打破国外导航技术的垄断，另一方面也可以极大地提高我国船舶航行的安全性，进一步促进我国远洋航海事业的发展，促进国家对外经济贸易的发展。

三、高效捕捞生产

（一）常见捕捞方式

沿海渔场常见的捕捞方式有：灯光围网、双拖、单拖、拖虾、帆张网、蟹笼、流网、海底串和小宗张网等九种。现简要介绍几种对航行有明显影响的捕捞作业方式。

1.拖网作业

拖网作业主要有双船对拖和单拖作业两种。双船对拖是指两艘渔船分开相当的距离合拖一挂渔网进行捕鱼，其拖网长度在 400～500 米，网具入水较深，正常气象条件下拖网航速为 3～4 节。单拖作业是由一艘渔船单独拖拽一挂渔网进行捕捞，分尾拖和舷拖，拖网航速为 4~6 节。识别标志与双船对拖一致。

对双船对拖作业渔船要保持距离，通过时，距其船尾不应少于 1 海里，与其外舷侧的距离应不少于 0.5 海里，要避免近距离地从其船头通过。禁止从双船对拖作业渔船中间通过。对单拖作业渔船（如单尾拖渔船），可按双拖渔船的避让规则避让。对舷拖渔船要注意避开其拖网的一侧，收放网时其航向多变，应在 0.5 海里以外通过。

2.流网作业

流网作业是将网垂直展开立于水中，长度很长，一般在 1 海里以上，有时到几海里。网具上设有浮标（浮筒）和小旗，夜间网端小旗杆上挂有电池闪光灯。流网的一端系于渔船船头且处在下风端，渔船船头方向就是流网延伸的方向，渔船和渔网一起随风流漂移。在较平静的海面上，雷达也可以观测到中上层流网的浮筒，渔船与浮筒的回波几乎成一直线。

避让流网作业渔船时，应距渔船尾 0.5 海里以上，禁止在渔船前方近距离地通过。当流网作业渔船放网时，切勿从船头和船尾通过，与渔船的距离应保持在 1 海里以上，并且通过航向应与流网方向平行。但是如果在近距离才发现流网，采取转向绕航已来不及，应立即停船，靠船的惯性冲过流网，避免流网绞缠螺旋桨。

3.围网作业

围网作业是用巨大的长带网包围鱼群，通常由一艘网船、两艘灯船和一艘渔运船组成，网具长度为 980~1 200 米，作业网圈直径约 350 米。作业时垂直显示上红下白环照灯各一盏，在网具伸展方向显示环照白灯一盏。围网渔船应从其上风流侧通过，距离应在 0.5 海里以上。

4.帆张网

帆张网渔船根据潮流决定捕鱼时间，一般小潮放网，大潮撤网，时长 12 天左右。这类渔船活动区域不固定，上半年多集中在北纬 28 度至北纬 32 度，东经 122 度至东经 124 度；下半年多集中在北纬 30 度至北纬 32 度，东经 124 度至东经 126 度。

建议商船通过 AIS 网位仪信号了解渔网散布区域，提前避让，远离该类渔网或从两侧渔网中间区域通过（中间区域约有 1 000 米宽）。

5.灯光诱捕敷网

渔船上有强力的照明设备照向四周水面以吸引渔获，渔船单独作业但成群出没，渔船群作业时灯光极亮。通常处于静止不动或随水流漂移状态，在 12 海里外即可发现渔船群。因灯光强烈难以判断正确灯号，会对瞭望产生干扰。

（二）船舶间通信

1.传统的海上船舶间的通信

在通信技术还不是很发达的航海时代，相距遥远的船之间要进行通信主要有几种方式，即灯语、旗语和声号。

（1）灯语

灯语（灯光通信）是船只之间通信的一种通用化语言，在国际上的使用十分广泛。"灯语"一词由来已久。在通信技术还不发达的年代，灯语在航海领域起到了至关重要的作用。利用灯光的闪烁频率，以二进制的摩斯码传递信息，可以帮助船员在较远的目视距离相互沟通。在恶劣天气下，灯光以其强大的穿透能力使得灯语优于旗语和声号。船舶照明是船舶航行、作业以及船舶管理工作人员生活的必要条件。它们有的彻夜长明，有的不停地"眨"着眼睛。正是因为有了它们，船舶的航行才能更安全、更有秩序。

船舶的号灯按用途可分为两种：航行灯和一般信号灯。号灯的开、关时间一般是以日落、日出为界限的。

①信号灯：信号灯是船舶在各种特殊情况下的灯光标志。特别是夜间航行时，信号灯更是不可缺少的一种通信联络工具。信号灯的控制一般集中在驾驶台，要求两路供电。信号灯的种类很多，为了适应某些国家的港口和狭小水通道的特殊要求，远洋船舶的信号灯设置比较复杂。这些信号灯通常安装在驾驶

台顶上专设的信号桅或雷达桅上，按照规定数盏（8～12 盏）红、绿、白等颜色的环照灯分成两行或三行安装。

②航行灯：航行灯是船舶照明系统中的一个独立部分，是保证船舶夜间安全航行的重要灯光信号。在任何情况下，都必须保证航行灯是明亮的，以表明本船的位置、状态、类型、有无拖船等，从而防止周围或过往船舶误会，造成海损事故。根据国际规则，船舶的大小和长短尺寸不同，船舶上的航行灯数量也会有所不同。长度大于 50 米的船舶，应安装 5 只航行灯，分别为前桅灯、后桅灯、后舯灯、左右两盏舷灯。相关规则规定，在能见度不良的情况下，任何时候，即使是在白天，也要开启航行灯。

船舶灯光通信使用摩斯符号，发信人手工操纵闪光灯发送，收信人凭视觉接收。摩斯符号以点码（短）和划码（长）单独或组合来组成字母和数字。约定发送方法为：点码持续 1 单位时间；划码持续 3 单位时间或更长些；字符内码与码间隔 1 单位时间；字符之间间隔 3 单位时间或更长些。然而，在实际发送过程中，存在着单位时间长度（或者说发送速度）因人而异，以及随机误差引起点码（或划码）长短不一的问题。只有经过一定的专业训练，才能发送得比较规范，易于被收信人识别。然而灯语的发送和读取都是靠人工获得和解码的，如果缺少专业人员，将会对航行船只造成巨大影响。由于人类视觉暂留时间为 0.1～0.4 秒，因此闪光和简写的单位长度应超过人的视觉暂留时间，但双方信号员个人情况又有所不同，因而灯光通信的速度受到了很大限制。

现代科学技术将灯光信号的发送和接收自动化后，使用不可见光代替原来的可见光通信成为可能。这一改造将使灯光通信更加保密，更加隐蔽化。但是现有的光通信技术主要应用于陆路交通运输中，在载具间传递简单的距离、位置信息；而海路航运与陆路运输不同，其存在以下问题：一是海路航运中船舶间距离相比陆路运输中车辆间距离远得多，对信号传播距离有更高的要求；二是海路通信方式不如陆路通信方式多样，特别是会受到战争、恶劣天气或设备损坏等非正常因素的影响，因此灯光通信作为一种相对较为稳定的传播方式，在海路通信中更为重要，但其对信号编码及信号的接收有更高的要求。

现代船舶（包括海洋钻井平台）上用于满足各种照明和信号要求的一类交通灯，包括船用照明灯、航行灯和信号灯三类。国际公约规定，船舶在夜航、作业或能见度低的情况下，为了表明它的位置、在航状态及种类等特征，船上须装备各种灯具，显示各种信号，以便其他船舶识别和避让。为此，航行灯和信号灯的光弧、能见距离、色度、外壳防护和安装位置都有严格规定。船灯的设计、制造必须符合船舶规范和国际公约的有关规定，并经船舶检验部门检验合格发给证书后方可装设使用。

"人有人言，灯有灯语"。灯语也是一种通信方式，夜晚在海上航行的船舶靠各种灯光的变化进行交流和沟通，以保证船舶正常、有序地通行。

（2）旗语

旗语是一种利用旗帜或手旗传递信号的沟通方式。在大航海时代，旗语就得到了广泛应用，直到现在世界各国海军都基本保留了旗语。

国际通用的旗语与摩斯码一样，由 26 个英文字母组成。

常见的旗语是通过悬挂或降下信号旗来传递信号，主要用于船舶之间互送信息，是海上船舶通用的语言。信号旗有 5 种规格，分为 1 号、2 号、3 号、4 号、5 号。1 号最大，5 号最小。一套信号旗有 46 面。其中，26 面字母旗、10 面数字旗、4 面方向旗、3 面代旗、1 面执行旗、1 面答应旗、1 面国际答应旗。代旗为三角形旗，字母旗中有方形旗和燕尾旗，数字旗与国际答应旗为梯形旗。满旗的排列是两方一尖。方旗是指长方形的旗子，尖旗是指三角形旗子，燕尾旗可作方旗用，梯形旗也叫长旒旗，可作尖旗用。

手旗旗语适用于白天、距离较近且视距良好的情况。夜间距离较近时，一般使用灯光通信。手旗是一种方形旗，面积较小，根部套有一根木棍。手旗通信需要使用两面旗子，旗手双手各拿一面方旗，每只手可指 7 种方向，除了待机信号之外，两旗不会重叠。旗帜上沿对角线分割为两色，在陆地上使用的为红色和白色，在海上使用的为红色和黄色。

手旗旗语可以打出字母和数字，通过一些编码规范进行转译。传信者必须站在较高、四周较开阔、无任何遮挡对方或自己视线的地方（比如桅杆上段、旗语信号平台、船首等）。通常情况下，旗手要面向正前方，双手各拿一面手旗，双臂伸展，手臂与信号旗呈一条直线，以便尽量扩大手旗挥动的圆弧范围，使对方传信者清楚地看到自己的动作指向。

（3）声号

为了保证船舶航行安全，相隔较远距离的船与船可用无线电传递信息，可显示号灯、号型表示自己的动向，按规则鸣放声响信号来表明自己的意图，以求得到周围船只的注意，进行协调配合或按规定进行避让，从而避免或减少海损事故的发生。声响信号是面对紧迫局面而其他通信设备不能工作时的信息传播方式。

声号（声响信号）是指安装在船舶上的声响器具发出的特殊声号，以表明本船的意图、行动或者提醒其他船舶、排筏注意。鸣放声号（或进行声号通信）的声响器具有号笛、号钟、号锣及其他有效响器。

声号有长声、短声之分，长声是指历时 4~6 秒的钟笛声，短声是指历时约 1 秒钟的笛声。航海驾驶人员运用长、短声组成一组组有规律的信号，与其他驾驶人员互相联络。

2.船舶无线电通信

船舶无线电通信始于 19 世纪末，20 世纪初已有不少船舶装备了简单的无线电通信设备。当前，船与船、船与岸、船与飞机以及船舶内部的通信方式主要是无线电通信。船舶无线电通信在国际电信联盟的《无线电规则》中称为"水上移动业务"和"卫星水上移动业务"，主要任务是保障船舶航行安全和海上人命安全，保证各项航海业务顺利进行，保持船岸之间的日常联系。

（1）历史沿革

1906 年，在德国柏林举行的第一次国际无线电会议通过了第一个国际无线电通信规则，规定了船舶无线电通信所用频段和通信程序。在 1912 年的"泰坦尼克"号海难救助行动中，船舶无线电通信发挥了重要作用，使 700 多人获救。这次海难同时也暴露出原有规定在保障海上人命安全方面的缺陷。1913 年，在英国伦敦举行的第一次国际海上人命安全会议通过了第一个国际海上人命安全公约，对船舶无线电通信设备、无线电通信人员以及值守时间等作了强制性的规定。1922 年，船岸间开始用无线电话通信。随着航海事业和电子技术的发展，船舶无线电通信发生了很大变化，通信方式逐渐增多，通信频率不断向更高频段延伸。

20 世纪 60 年代以来，船舶无线电通信业务量迅速增长，电台数量不断增多，使高频频段十分拥挤。1967 和 1974 年，两次日内瓦世界水上无线电行政大会对单边带通信、窄频带直接印字电报（即无线电传电报）、顺序单频编码选择性呼叫、数字选择性呼叫、数据传输和海事卫星通信（见海事卫星通信系统）等通信方式的使用作了规定。1976 年，美国先后发射了 3 颗海事通信卫星，使船舶无线电通信跨入了采用微波频段和卫星通信技术的新时期。

（2）通信种类

船舶无线电通信按通信网路组织和业务性质分为安全通信、专用通信和公众通信。

安全通信：有关危及船舶航行安全的情况报告、通告和警告，大风和台风警报，以及船舶发生海难时的呼救、搜寻和救助等方面的通信。根据情况的危急程度，在通信中冠以遇险（呼救）信号、紧急信号、安全信号。冠有遇险信号的通信又专称为"遇险通信"，享有最优先权，其他通信不得干扰。专门从事安全通信的海岸电台，通常归属各国的海上安全机构，不收通信费用。

专用通信：航海部门或航海企业通过自设或租用的海岸电台与所属船舶之间的通信。根据业务需要可制定内部的特殊通信规则。

公众通信：船舶工作人员、旅客与陆上公众电信网的任何用户之间的通信。开放公众通信业务的海岸电台，通常由各国电信部门或企业经营，收取通信费用，并承担不收费的安全通信业务。

（3）通信设备

船舶无线电通信由船舶电台和海岸电台实现。不少国家除在沿海、沿河港口附近设置各种小型或中型海岸电台外，还在适当地点设置一个或数个大型海岸电台，配有大功率发信机、高灵敏度收信机、有线或无线转接设备以及庞大的天线群等，以便与航行在各海区的船舶进行通信。

船舶电台通常办理上述三种通信业务，配备多种通信设备，如主收发信机、备用收发信机（须有独立备用电源）、无线电话遇险频率值班接收机、无线电报自动报警器、甚高频无线电话收发信机、救生艇无线电收发信机等，有的多达十几种。根据通信业务的需要和设备的功能，可采用电报、电话、传真和数据传输等不同通信方式以及中频、高频、甚高频、超高频和微波等不同频段进行通信。船舶无线电通信正朝着提高可靠性、及时性、传输速率、自动化程度和实现全天候的方向发展。

（三）鱼资源探测

鱼资源探测又称鱼群侦察，是获取鱼群在水域中的分布、数量、群体组成和行动等信息的技术，鱼资源探测是捕捞作业的重要组成部分。

1.沿袭及变革

原始的侦察依靠人的视觉和听觉。如清代屈大钧的《广东新语》中已有利用视觉探鱼的记载："……登桅以望鱼，鱼大至，水底成片如黑云，是谓鱼云。"而《本草纲目》中则有"石首鱼，初出水能鸣"，"每岁四月，来自海洋，绵亘数里，其声如雷。渔人以竹筒探水底，闻其声，乃下网截流取之"的记载，这说明侦察时不但使用听觉，并已开始应用简单的工具——竹筒。

1919 年，美国首次利用飞机进行侦察沙丁鱼和金枪鱼鱼群的试验，此后利用对海洋环境及生物学参数的分析进行侦察的方法兴起。20 世纪 40 年代后，原为军事、航海所用的回声音响测深仪和探测潜艇的声呐，相继为渔业所改造和应用，出现了垂直探鱼仪和渔用声呐，使水声侦察成为现代鱼群侦察的主要手段。20 世纪 60 年代中期，航天遥感间接侦察鱼群的技术开始进入实用阶段。

2.鱼群侦察的分类

鱼群侦察按不同目的分为三类。

（1）作业侦察

作业侦察是对渔船作业点及其附近水域鱼群的分布、组成、数量等进行的侦察，目的在于将渔船准确调度到鱼群集中地点，取得最佳捕捞效果。

（2）远景侦察

远景侦察是为了开发新渔场、新捕捞对象，或对已开发鱼类资源进行科学管理，取得该水域鱼类资源的种群分布、数量及其变动规律，以及用某种捕捞方式的可能渔获效率等信息，从而对开发利用的远景作出判断。

（3）鱼类行动侦察

鱼类行动侦察是为了改进渔具、渔法和进行鱼类资源研究而对鱼类行动规律进行的侦察。

3.鱼群侦察的方法

主要有以下几种。

（1）目视侦察

利用某些中上层鱼类如鲐、鲹、沙丁鱼和金枪鱼等在一定时间内起浮于水表层的习性，侦察者位于渔船较高部位或飞机上，以视觉进行直接和间接侦察。

直接侦察是通过观察起浮于水表层鱼群的形状、色泽和水花等，根据经验判断鱼群的种类、大小、数量、栖息深度及动向。

间接侦察是以观察海鸟、海豚的行动和海洋发光生物的发光为指标来判断鱼群。海鸟为了捕食表层鱼类，在有鱼群出现时常形成海鸟群。而海豚群则常追食鱼群或与金枪鱼群同栖，据此可以确定鱼群的大小和数量。夜间，某些发光生物会因鱼群游动的刺激而发光，它们发光的面积和亮度可以作为判断鱼群大小和数量的依据。

（2）环境因子侦察

鱼类的分布规律和集群特点，往往受少数环境因子的支配，因此环境因子可作为进行鱼群侦察的间接指标。通过对水深、水温、水色、流速、海底地形、底质、饵料生物等各种因子的测定，可取得鱼群存在与否和结群特点等相关信息。环境因子一般采用电子仪器作快速实时测定。

（3）试捕侦察

利用渔具在预定水域进行探索性捕捞，是一种简便的鱼群侦察方法。根据捕到鱼类的品种、大小和数量等可分析判断鱼群的可捕价值。试捕时常使用中层拖网、阶梯式分层敷设的刺网或钓渔具等生产性和非生产性渔具。

（4）生物学侦察

通过对捕获鱼类进行生物学指标的测定和分析，可获得鱼群信息。如根据渔获物的种类、年龄、体长、体重、雌雄比、摄食强度、肠胃饱满度和饵料组成等，可得出鱼群的变化趋势，掌握中心渔场。

（5）水声侦察

水声侦察是利用声波在水中遇到障碍物即产生回声的传播特性，对水下目标进行搜索和检测，以发现和识别鱼群、估算鱼群大小和数量、对鱼群定位和跟踪。主要的水声侦察设备有用于侦察船底下方鱼群的垂直探鱼仪，用于侦察渔船周围水平方向水域鱼群的渔用声呐等。随着电子计算机技术在水声探鱼设备中的应用，我们还可在终端荧光屏上直接获得整个捕捞过程中水下鱼群的位置（方位和深度）、大小、数量和行动（移动方向和速度），并同步显示出的网具、船只的位置等信息，彩色显示技术可使这些信息更加直观、清晰。

（6）水中侦察

人员或仪器进入水中侦察，可获得直观、可靠、精确的结果。所用潜水器具有轻潜器、潜水箱、潜水球和专门设计的小型潜艇等。水中遥控侦察可将照相机、摄影机、电视摄像机安装在渔具的特定部位进行侦察。遥控水下电视车进行水中电视观察时，可自由灵活地接近鱼群，缩短观察距离，保证取得清晰的水下电视图像；还可在人不能达到的深度或不安全的环境下进行侦察。

（7）遥感侦察

遥感侦察指利用安置于飞机、人造卫星、宇宙飞船等运载工具上的各种传感器侦察鱼群。通过传感器探测到的水中鱼群目标和渔业环境因子（海水表温、水色等）发射和反射的电磁辐射和鱼类的生态习性进行判读和分析，即可感知鱼群的现状和动态。遥感侦察具有快速、及时、侦察范围大的特点，这可为海洋渔业资源的开发、利用和管理提供更有效和更经济的手段，是其他侦察方法无法比拟的。飞机上使用的传感器一般为航空照相机和多光谱照相机等。人造卫星、宇宙飞船等航天器上使用的传感器有多光谱扫描仪、红外扫描仪等。

4.信息技术在鱼资源探测中的应用

随着在计算机技术，生物技术等的发展，鱼类监测方式也有了新的变化。目前图像识别、水声法和环境 DNA 法是鱼资源探测中的主流方法。

（1）图像识别技术

因为鱼的生活环境相对特殊，人类很难下潜到较深的水域中观测他们的动态。这时只能依靠摄像头来捕捉信息。在使用这种方式时，可通过计算机提取图像中的信息。这种方式对环境的要求较高，尤其强调水质要好，气泡、杂质等环境因素对图像识别效果影响较大。

2017 年，RES 公司研发了一款捕蓑鲉机器人，可以自动识别、自动捕捉蓑鲉。因为蓑鲉的形态很有特点，并且不活跃，所以可以通过摄像头识别锁定蓑鲉，然后再通过向内流动的水流将其收入储存网中。这样就可以在不影响其他鱼生存的条件下，较快地捕捉蓑鲉。

对于养殖的鱼类，图像识别技术还可用于对鱼类的分级处理。鱼类因大小不同，价格也不同。所以为了方便售卖，渔民在捕捞后都会按鱼的大小进行分类。传统的方式是通过人工挑选，不但人力投入大，更主要的是所用时间比较长，影响鱼的鲜度。利用图像识别技术进行分级处理则在传送带上进行，可以去除水质对结果的影响，而且不需要识别种类，只需要识别大小，算法较为简单，与直接在水中识别相比较更简单，更具有可行性。

（2）水声法

声呐在海洋勘探中应用已久，在鱼类监测中也应用较广。声波发射器发射出声波后经物体返回，再收集回声，就可以确定鱼类的数量、分布、大小、行为和生物量。相对于传统方法，水声学方法可以在不损害生物资源的条件下对自然状态的鱼类资源进行探测评估，具有快速高效、调查区域广、可提供连续数据的优势，尤其在对水生物种种群生物量计算上具有很大优势。

气泡和鱼类个体间的遮挡对该方法的结果影响较大，对小分辨率的数据收集不太准确，所以目前该方法主要应用于监测大种群的情况。针对个体监测时只能用于部分低密度下的个体监测，若想实现对较高密度种群中的个体进行监测还是比较困难的。

水声法的技术难点在于对数据的处理、分析、建模，结果的准确性在很大程度上取决于所建模型。要想建立较为正确的模型就要有大量数据的支持，而水环境复杂，光线、气泡、杂质都会带来干扰，这就需要通过合适的算法排除相关干扰因素。

（3）环境 DNA 法

图片水环境中有含有很多鱼类的 DNA，这些 DNA 来自鱼的分泌物、表皮碎片、排泄物等。这些 DNA 在自然环境中有很长的持久性，是判断是否有某类物种生存的好方法。

仅仅一升海水，就包含了数百万个基因序列。它们能揭示这个地区的许多生态信息。当然，无法检出相关信息不代表没有此物种，可能是 DNA 降解或实验没有测出。而检出的物种也不一定生活在此水域，其 DNA 信息也可能是从其他水域飘散而来。所以该方法常需要依靠捕捞结果作为佐证。

各种检测方法都有其优缺点和适用的范围，而且目前所有调查方法都离不开渔获物调查，都需要通过前期的捕捞情况对各种调查方法的正确度进行验证。这些方法暂时都无法单独使用，主要原因是技术还不够成熟，结果也不够稳定。目前缺少一种评价标准来对调查结果作出评估，所以最常用的方法就是两种或多种调查方式同时进行，相互补充，相互验证。只有进行多角度、多层次的监测，才能获得准确的数据。

（四）海上鱼货预售

线下海鲜交易尚处于传统的重度依赖中间商、渔业经纪人等阶段，互联网渗透率不高，导致中间倒卖频次多、周期长，影响产品的新鲜度与食品安全。捕捞上来的产品能不能快速卖出，这是事关渔民能否增收的关键环节。在海产品流通领域内，由于中间商过多，产品经过数次转手后价格层层加码，而且效率低下，产品质量无法保证，这就导致海产品不够新鲜且价格虚高，影响了海洋渔业的发展。

海产品一直在全球粮食安全与健康营养中占据重要位置，在人们越来越强调新鲜度、食品安全的情况下，对海洋渔业上游交易的信息化、智慧化、数字化升级势在必行。

通过"北斗＋互联网＋渔业"打通上下游产业链，形成完整的生态系统和交易闭环，开启海鲜电商新模式。渔民在海上能够第一时间将捕捞的鱼货信息发布到交易平台上，从而直接对接海鲜的需求方，减少中间环节，降低上下游的沟通成本和贸易成本，为渔民增收。

信息化技术在海上鱼货预售中的应用如下。

通信设备：北斗导航系统自主研发的"海上 Wi-Fi"，不仅为渔民解决了海上通信问题，同时为海鲜交易平台提供技术支撑。

交易平台：在掌握了海量交易大数据的基础上为上下游客户提供撮合交易服务，帮助买家筛选出物美价廉的交易资源。

O2O 业务：源头直供，全程冷链配送，改变了海鲜传统销售模式。

海洋大数据：通过大数据分析系统，预测未来鱼价走势，帮助海鲜供需双方合理布局，做出最优决策。

海产品溯源系统：通过"北斗＋互联网＋渔业"，采用北斗定位授时技术采集位置和时间信息，结合照片、小视频等现场信息，通过二维码和互联网平台，实现海产品从捕捞、进港卸货、装箱、运输等全程追溯，并打上位置和时间标签，为海产品追溯提供基本时空信息（捕捞海域、船只、时间）。

第四章　海洋减灾防灾信息服务

　　我国是世界上受海洋灾害影响较为严重的国家之一。随着海洋经济的快速发展，沿海地区海洋灾害日益加剧，海洋防灾减灾形势十分严峻。政府相关部门应切实履行海洋防灾减灾工作职能，积极开展海洋观测、预警预报和风险防范等工作，提早部署，科学应对，尽可能减轻海洋灾害造成的人员伤亡和财产损失。

第一节　海洋灾害与海洋气象预报

　　我国海域辽阔、海岸线漫长、海岛众多，海洋灾害多样、频发且造成的损失巨大，海洋防灾减灾工作不仅是国家防灾减灾救灾体系的重要组成部分，还是海洋经济发展、海洋生态文明建设和人民生命财产安全的重要保障。2021年，各类海洋灾害给我国带来的直接经济损失高达 30 亿元，海洋防灾减灾形势依然严峻。目前，我国海洋防灾减灾工作的信息支撑主要包括海洋和气象观测、监测信息，海洋预报信息，海洋防灾减灾对象及其主体信息，以及救灾措施和政策法规信息，这些信息分散在自然资源、气象、交通运输、水利、民政、等部门以及企业和科研院所等机构。

一、海洋灾害

海洋灾害是指海洋自然环境发生异常或激烈变化，导致在海上或海岸带发生的严重危害社会、经济、环境和生命财产的事件。海洋灾害主要包括风暴潮、海浪、海冰、海啸、赤潮、绿潮等。

（一）风暴潮

风暴潮是指由于剧烈的大气扰动导致的海水异常升降现象，也称风暴水、风暴海啸。风暴潮可能带来海水水位的异常升高，水位升高以后的海水随潮流等向岸传播。警戒潮位指防护区沿岸可能出现险情或潮灾，需进入戒备或救灾状态的潮位既定值，从低到高分为蓝色、黄色、橙色、红色四个等级。四色警戒潮位说明如表 4-1 所示。

表 4-1　四色警戒潮位说明

警戒潮位分级	说明
蓝色警戒潮位	指海洋灾害预警部门发布风暴潮蓝色警报的潮位值。当潮位达到这一既定值时，防护区沿岸须进入戒备状态，预防潮灾的发生。
黄色警戒潮位	指海洋灾害预警部门发布风暴潮黄色警报的潮位值。当潮位达到这一既定值时，防护区沿岸可能出现轻微的海洋灾害。
橙色警戒潮位	指海洋灾害预警部门发布风暴潮橙色警报的潮位值。当潮位达到这一既定值时，防护区沿岸可能出现较大的海洋灾害。
红色警戒潮位	指防护区沿岸及其附属工程能保证安全运行的上限潮位，是海洋灾害预警部门发布风暴潮红色警报的潮位值。当潮位达到这一既定值时，防护区沿岸可能出现重大的海洋灾害。

（二）海浪

海浪是由风引起的海面波动现象，主要包括风浪和涌浪。按照诱发海浪的大气扰动特征来分类，由热带气旋引起的海浪称为台风浪；由温带气旋引起的海浪称为气旋浪；由冷空气引起的海浪称为冷空气浪。将某一时段连续测得的所有波高按大小排列，取总个数中的前 1/3 个大波波高的平均值，称为有效波高。海浪级别划分如表 4-2 所示。

表 4-2　海浪级别划分

海浪级别	有效波高（m）
微浪	Hs＜0.1
小浪	0.1≤Hs＜0.5
轻浪	0.5≤Hs＜1.25
中浪	1.25≤Hs＜2.5
大浪	2.5≤Hs＜4.0
巨浪	4.0≤Hs＜6.0
狂浪	6.0≤Hs＜9.0
狂涛	9.0≤Hs＜14.0
怒涛	Hs≥14.0

注：Hs 为有效波高。

（三）海冰

所有在海上出现的冰统称海冰，除由海水直接冻结而成的冰外，还包括源于陆地的河冰、湖冰和冰川冰等。我国将渤海及黄海北部的冰情分为 5 个等级，轻冰年（1 级）、偏轻冰年（2 级）、常冰年（3 级）、偏重冰年（4 级）、重冰年（5 级）。

浮冰外缘线指浮冰区与海水交界线。浮冰范围指从海湾底部沿海湾中线至海冰外缘线的距离。冰期指初冰日至终冰日的时间间隔。冰厚指海冰冰面至冰底的垂直距离。

（四）海啸

海啸是由海底地震、火山爆发或巨大岩体塌陷和滑坡等导致的海水长周期波动，能造成近岸海面大幅度涨落。根据引发海啸的原因可分为地震海啸、火山海啸和滑坡海啸；根据海啸源与受影响沿海地区的距离可分为局地海啸、区域海啸和越洋海啸。

（五）赤潮

赤潮是海洋中一些微藻、原生动物或细菌在一定环境条件下暴发性增殖或聚集达到某一水平，引起水体变色或对海洋中其他生物产生危害的一种生态异常现象。

1.赤潮发生的过程

（1）起始阶段

赤潮生物开始繁殖或胞囊大量萌发，竞争能力较强的赤潮生物可逐渐发展到一定的种群数量。

（2）发展阶段

赤潮生物呈指数式增长并迅速形成赤潮，同时原先的共存种多数被抑制或消失，也可能有个别物种随赤潮出现而有所增长。

（3）维持阶段

这一阶段时间的长短主要取决于水体的物理稳定性和各种营养物质的消耗和补充状况。

（4）消亡阶段

营养物质耗尽又未能及时得到补充，或遇台风、降雨等各种引起水团不稳定性的因素，或温度的突然变化超过该种赤潮生物的适应范围，造成赤潮生物大量死亡，赤潮现象就会逐渐消失或突然消失。

2.赤潮的危害

（1）危害机理

①赤潮生物大量繁殖，覆盖海面或附着在鱼、贝类的鳃上，使它们的呼吸器官难以正常发挥作用而造成呼吸困难，甚至死亡。

②赤潮生物在生长繁殖的过程和死亡细胞被微生物分解的过程中会大量消耗海水中的溶解氧，使海水严重缺氧，鱼、贝类等海洋动物因缺氧而窒息死亡。

③有些赤潮生物体内及其代谢产物含有生物毒素，能引起鱼、贝中毒或死亡。如链状膝沟藻产生的石房蛤毒素就是一种剧毒的神经毒素。

④居民摄食中毒的鱼、贝类而中毒。目前已知的赤潮毒素有麻痹性贝毒、神经性贝毒、泻痢性贝毒、健忘症贝毒等四类贝毒和雪茄鱼毒等。

（2）具体危害

发生赤潮时，通常只有一至两个物种形成绝对优势，使得浮游植物多样性大大降低。由于很多动物缺氧而死，使得整个养殖水域的群落生物多样性锐减，导致生态系统结构简单化和功能的严重退化，能流、物流严重不畅，进而致使环境污染加剧，自然恢复更加困难，也会导致周围的珍稀保护物种陷入灭绝的境地。

当发生有毒赤潮时应采取紧急措施减少损失：

①当发生赤潮时，应快速开展赤潮毒素分析，当判定为有毒赤潮时，由沿海地方人民政府决定采取关闭养殖区、捕捞区等措施。

②立即对赤潮发生的区域采取禁捕、禁采措施，加强巡视，防止意外中毒事件的发生。

③赤潮发生地人民政府开展鱼贝类食物中毒防治及与赤潮灾害有关知识的宣传工作，加强食用海产品的监督管理，做好中毒病人的应急救治工作。

④加强巡视，禁止该海域的贝类等海产品上市，进行警示以防止人们食用污染海产品而中毒，并密切监测该海域生物的赤潮毒素水平。

⑤科学指导渔民采取切实可行的减灾和防灾措施，如提早转移或收获赤潮可能波及的范围内的海产养殖生物，以减少损失。

⑥选择合适的赤潮消除方法，如化学消除法、高岭土沉降法、围隔栅法、气幕法和回吸法等物理、化学或生物法消除赤潮。

3.赤潮的监测和预报

建立有效的赤潮实时监测系统和可靠的赤潮预警系统是今后重点发展的方向。目前，加强赤潮监测与预警是赤潮监控防治工作的首要环节。国家海洋局已建立起由岸站、浮标、船舶、雷达、遥感和志愿者监测等手段组成的三维立体海洋环境监测系统，监测能力覆盖全国管辖海域的海洋水文、气象、水质、生物、沉积物和大气等监测项目。我国在近海设立了 33 个赤潮重点监控区和生态敏感监控区，各级海洋环境监测部门在赤潮高发季节针对这些区域进行连续不间断的海洋水质监测调查，赤潮跟踪监测信息网络平台不断完善。由于海洋面积很大，赤潮发生时很难在地面进行全方位的监测，目前较先进的技术是利用卫星遥感，从太空对海洋水色进行分析，掌握赤潮发生和发展情况。

在赤潮预报方面，我国主要采用的是经验预测法、统计预测法和数值预测法相结合的方式。经验预测法主要包括气象条件预测、海洋学过程和生态学因子分析；统计预测法包括主成分分析法、判别分析法、逐步回归法、人工神经网络预测法等；数值预测法则是通过各种物理—化学—生物耦合生态动力学模型，模拟赤潮发生、发展、高潮、维持和消亡的整个过程。

实践中，根据对赤潮的观测手段，可将赤潮预测分为以下几类。

（1）根据水化特征的预测

目前，已提出一些以氮、磷、化学耗氧量等参数组成的富营养化程度判断公式，可供实践应用。

（2）根据水温、盐度和气象条件的预测

气象条件包括风、气压等因素，很多赤潮事例表明，当其他条件具备时，若天气形势发展比较稳定，海区风平浪静，阳光充足，闷热，就有可能发生赤潮。

（3）根据生物学特征的预测

①赤潮生物的增殖速度。

②叶绿素 a 的变化。

③"种子场"的调查。

在实际工作中，应用上述几种预测方法时，应尽可能考虑多项目连续跟踪和综合性分析判断，这样才能获得较为准确的预测结果。

（4）赤潮监测体系与预报模型

综合利用监测站、监测网、飞机巡航、卫星遥感、民间报告，建立快速、准确的赤潮预报模型和预报网络是当前亟待解决的关键问题。

利用卫星遥感技术监测赤潮是可能的。但卫星可见光遥感也有其自身的不足，比如不能全天候、全天时工作，阴雨天气和晚上无法监测赤潮。此外，由于空间分辨率较低，对小尺度赤潮的监测十分困难。因此，赤潮的监测不仅需要运用卫星遥感技术，还需要运用现场观测技术和航空监测技术，一个业务化的赤潮监测技术系统应综合运用以上三种观测技术。

业务化的赤潮监测与实时预报系统应以防灾减灾为目的，以海上观测技术、遥感技术、GIS 技术和通信技术为手段，研究赤潮发生机理。这样的系统应由以下三个子系统组成：一是海洋水产养殖及养殖环境信息系统；二是海洋水产养殖区赤潮监测与预报信息网络系统；三是海洋水产养殖区赤潮监测与预报系统。

赤潮的预报可分为短期预报、中期预报和长期预报，赤潮的短期预报对防灾减灾十分重要。它应包括赤潮发生前对即将发生的赤潮的预报和赤潮已发生对赤潮未来发展趋势的预报（或赤潮实时预报）。由于赤潮的发生、发展和消亡与众多的海洋环境要素有关，赤潮短期预报应采用多要素预报方法，它比单要素预报方法具有更高的预报精度。

2020 年，国家海洋信息中心研究员团队联合福建省海洋预报台研发的基于大数据分析的赤潮发生概率预报系统，将赤潮预报精度由传统方法的 40%提高至 55%。利用该技术手段，系统准确预测了多次赤潮灾害事件，为地方政府应对灾害提供了有力支撑。海洋大数据的应用，不仅成了赤潮监测预警的新方法，也为海洋预报技术的发展提供了新思路和新方向。

此外，项目立足于大数据分析技术在海洋预报领域的应用研究，构建了面向海洋分析预报的大数据资源池和适用于海洋领域的大数据挖掘分析模型方法库，研发了海面高、海表温、三维温盐和台风等大数据分析预报技术，并实现了系统集成和应用示范，为推动我国海洋领域的信息化、智慧化进程提供了重要的技术支撑。

为尽可能降低赤潮灾害影响，必须加强海洋环境监测、预警体系建设，加大宣传教育力度，提倡政府、社会团体和民众联合参与赤潮防灾减灾。加强海洋环境保护，切实控制沿海废水、废物的入海量，特别是要控制氮、磷和其他有机物的排放量，避免海区的富营养化。

（六）绿潮

绿潮是海洋中一些大型绿藻（如浒苔）在一定环境条件下暴发性增殖或聚集达到某一水平，导致生态环境异常的一种现象。绿潮覆盖面积是指绿潮发生海域海面漂浮绿潮藻的面积之和。绿潮分布面积是指监测的大面积绿潮和开阔水域之间的分界线所包围的面积。

1.绿潮的形成原因

人类向海洋中排放大量含氮和磷的污染物而造成的海水富营养化，不仅是许多赤潮发生的重要原因，也是许多绿潮爆发的重要原因。海藻在铁量增加、阳光照射和其他条件同时出现的情况下，便会疯狂繁殖，进而形成藻潮。

发生绿潮的生物主要是浒苔和石莼。浒苔藻体呈鲜绿色或淡绿色，管状，膜质，是由单层细胞组成的中空管状体，藻体长1～2米，直径可达2～3毫米。浒苔为底栖生物，主要生长在沿海高中潮带岩礁上，自然分布于俄罗斯远东海岸、日本群岛、马来群岛、美洲太平洋和大西洋沿岸、欧洲沿岸。中国南、北方各海区均有分布，属东海海域优势种。石莼，也称海白菜、青苔菜，主要分布于中国浙江至广东海南岛，以及黄海、渤海沿岸，是一种常见的海藻植物。

2.绿潮的监测与防治

国内外对绿潮生物大规模增殖发生的环境机制尚无明确结论。当前，主要将其归结为海水富营养化、春夏季水温变化、增殖海域水动力交换缓慢导致局部种群密度增大等因素。目前，相关防控措施主要以人工捞除和机械采收为主。尽管在水产养殖中，硫酸铜、生石灰、次氯酸钙等可有效杀除浒苔等致害绿藻，但对于大规模漂浮聚集的绿潮而言，其处理成本巨大，且存在破坏生态环境的风险。

（1）预警和监测

浒苔、石莼等绿潮生物体内含有大量的叶绿素，可通过卫星水色遥感等方式对其在海洋表层大规模聚集的情况进行识别，且可依靠现有的赤潮监测系统，综合生物学、生态学研究，结合水色遥感、海流与风场耦合模型，对易发海域开展绿潮的预警和监测。

（2）信息化技术应用

2016 年 8 月 10 日，我国成功发射了"高分三号"（GF-3）卫星，主要用于海洋监视监测，2017 年 1 月底正式投入使用。GF-3 是一颗依靠微波雷达成像的遥感卫星，拥有时间上连续不断的成像模式，其综合性能指标已超过国际上其他同类卫星。例如：GF-3 拥有 12 种成像模式，用来满足不同用户的不同需求；GF-3 是全球成像模式最多的合成孔径雷达（SAR）卫星，其提供的影像既可选择 1 米分辨率，也可选择 10 米量级或 100 米量级分辨率。GF-3 的在轨设计寿命为 8 年，远高于以前卫星 3～5 年的寿命，同时也高于国际上其他遥感卫星的寿命（6～7.5 年）。"海洋三号"卫星采用了 GF-3 的相关技术，搭载的主要遥感载荷是 SAR，该雷达是一种主动式微波遥感仪器，通过先发射微波波束再接收来自海面的后向散射回波来获取海面信息。

目前，我国海洋遥感卫星三大体系已初步形成，包括海洋水色卫星、海洋监视监测卫星和海洋动力环境卫星。利用 HY-1B 卫星并结合中分辨率成像光谱仪（MODIS）及 GF-3 等卫星的资料，可对我国近海绿潮灾害开展业务化监测，为绿潮灾害监测和防灾减灾提供信息服务。

2022年2月18日，我国自然资源部发布了《绿潮生态调查与监测技术规范》（HY/T 0331—2022），该标准对绿潮现场调查和监测的相关要素、技术方法、要求、数据采集和计算方法等进行了规范，是实施绿潮科学调查和业务化监测的必要准则，对查清绿潮起源与发生原因、揭示绿潮发生发展过程、提高绿潮预警预报和防控能力具有重要意义。海洋标委会后续将重点组织推动绿潮海上漂移试验、漂移预测、风险评估、灾害应急处置等相关标准发布，为实现绿潮早期预警和应急处置一体化、保障近海生态安全提供技术支撑。

（3）绿潮的根本性防治

与化学物质杀灭、捞除等方式相比，绿潮的根本性防治通过遗传溯源技术发现其大规模聚生地，控制外源营养物质的过量输入，增殖藻食性动物以及营养竞争性藻类，减少其栖息地环境，转变其单一生物群落结构的生态系统，使系统能量、物质输入和产出达到均衡状态，是一种更为有效和健康的处置方式。

二、海洋气象预报

（一）海洋气象预报业务

海洋气象预报业务的工作内容包括监测和预报发生在海洋上的天气现象和风向、风力、能见度等气象要素；预报预警海上强对流天气和海上大风、海雾等海洋气象灾害，并对其引发的海洋灾害进行预评估；为全球海上遇险安全系统提供责任区内的海洋气象情报。

海洋气象预报的需求涉及渔业、航运、海上能源开发、海上搜救、海上突发事件的应急保障及国家安全等领域。沿海地区各级气象部门的海洋气象台均应组织开展海洋气象预报业务，未设立海洋气象台的由当地气象台（站）开展海洋气象业务。

1.我国的海洋预报体系

我国海洋气象预报业务体系包含国家级、区域中心级、省级和地（市）级四级。其中，国家级海洋气象业务单位为国家气象中心；区域中心级业务单位为上海海洋中心气象台、广州海洋中心气象台、天津海洋中心气象台；省级和地（市）级业务单位为11个沿海省的省海洋气象台和地（市）海洋气象台。

（1）国家气象中心的业务职责

①负责全国海洋气象预报的业务和技术指导，制作下发我国近海海域海洋气象预报指导产品。

②开展我国近海海域和全球三大洋海洋气象监测分析业务，制作发布海洋气象监测分析产品。

③开展我国近海海域海洋气象灾害落区预报业务，制作并发布近海海域海上大风等海洋气象灾害预报预警产品。

④负责收集汇总我国近海海域海洋气象观测和预报信息，制作并发布全国共享的海洋气象监测预报产品，为各级海洋气象台提供信息共享服务。

⑤负责组织全国海洋气象预报会商。

⑥协调组织国家海上重大活动气象保障任务，协调组织为部委间合作提供日常的我国近海海域气象预报及海上搜救任务区域海洋气象情报信息。

⑦开展全球远洋气象导航业务。

⑧按国际海事业务规范，负责为全球海上遇险安全系统提供第11海区范围内的海洋气象情报信息。

（2）海洋中心气象台的业务职责

①负责对区域内省级海洋气象预报的业务和技术指导。

②制作发布近海海域预报区内各海区海洋气象监测、预报、预警产品。依据全国共享的海洋气象预报产品，发布我国近海海域海洋气象预报产品。

③开展近海海域预报区内海洋气象信息的汇总与共享。

④负责组织本区域的海洋气象预报会商。

⑤协调组织近海海域预报区内海上重大活动气象保障任务。参与国家级组织的国家海上重大活动气象保障工作。

⑥按国际海事业务规范，负责为全球海上遇险安全系统提供国际海事责任区的海洋气象情报信息。

⑦履行本省省级海洋气象台业务职责。

（3）省级海洋气象台的业务职责

①负责对省内地（市）级海洋气象预报的业务和技术指导，制作下发本省沿岸海域预报区的海洋气象预报指导产品。

②制作发布本省沿岸海域预报区内各海区海洋气象监测、预报、预警产品。依据全国共享的海洋气象预报产品，发布我国近海海域海洋气象预报预警产品。

③开展本省沿岸海域预报区内海洋气象信息的汇总与共享。

④负责组织本省的海洋气象预报会商。

⑤组织实施本省沿岸海域预报区海上重大活动的气象保障任务。参与国家级和区域中心级组织的海上重大活动气象保障工作。

（4）地（市）级海洋气象台的业务职责

①负责本地区沿岸海域预报区海洋气象监测、预报、预警，在省级海洋气象台指导下，制作发布预报海区的监测、预报、预警产品。

②负责向省级海洋气象台提供预报海区的监测和预报预警产品。

③负责预报海区海上重大活动气象保障任务。

2.预报海区划分

为履行世界气象组织赋予我国的责任海域预报任务，保持与行政区域的一致性，遵循我国海域全覆盖、无缝隙、少重叠的原则，我国对国家级、区域中心级、省级和地（市）级的预报海区进行划分。

我国海洋气象的预报海区分为国际海事责任区、我国近海海域和沿岸海域三类。国际海事责任区为全球海上遇险安全系统公海责任区第 11 海区——印度洋区；我国海洋气象近海海域预报区为我国近海自北至南的 18 个海区，分别为渤海、渤海海峡、黄海北部、黄海中部、黄海南部、东海北部、东海南部、台湾海峡、台湾以东洋面、巴士海峡、北部湾、琼州海峡、南海西北部、南海东北部、南海中西部、南海中东部、南海西南部、南海东南部；我国沿岸海域预报区为自海岸线向外 100 公里内的近海及近岸区域。

国家气象中心的预报海区为：全球海上遇险安全系统公海责任区第 11 海区——印度洋区；我国海洋气象近海海域预报区的 18 个海区；全球太平洋、大西洋和印度洋三大洋海域。

3.监测分析

各级海洋气象台应根据卫星、雷达、自动站、浮标站以及海上平台或船舶观测资料开展预报海区天气现象、海上强对流天气和风向、风力、能见度等海洋气象要素的监测（视）分析业务。

省级和地（市）级海洋气象台间应建立海洋气象灾害监测信息通报制度。省海洋气象台要及时将监测到的海洋气象灾害信息通知已受影响或即将受影响的地（市）海洋气象台；地（市）海洋气象台应将海洋气象监测信息及时上报省海洋气象台。

国家气象中心每日定时制作和发布我国近海海域海洋气象监测产品；每日定时制作和发布国际海事责任区海洋监测产品；每日定时制作和发布西北太平洋和南海区域 500 百帕高空分析和海平面气压场分析产品。

各级海洋气象部门应及时将预报海区内的自动站、浮标站以及海上平台或船舶观测资料上传至全国海洋气象信息共享系统，供全国各级海洋气象台共享使用。

4.预报预警

各级海洋气象台应充分利用卫星、雷达、自动站、浮标站以及海上平台或船舶观测资料和数值预报产品，综合运用多种预报技术和方法，依托海洋气象预报业务系统，开展海区海洋气象预报，重点加强对海上强对流天气和海上大风、海雾等海洋气象灾害的预报预警，及时制作发布海洋气象预报预警产品。

国家气象中心每日定时制作发布西北太平洋和南海区域未来 48 小时 500 百帕高度场和海平面气压场预报产品；每日定时制作下发我国近海海域预报区未来 72 小时海洋气象指导预报产品；每日定时汇总发布我国近海海域预报区未来 72 小时海洋气象预报产品；每日定时制作发布国际海事责任区未来 24 小时海事天气公报。

海洋中心气象台每日定时制作我国近海海域和沿岸海域预报区未来 72 小时各海区海洋气象预报，上传至全国海洋气象信息共享系统，并使用经国家气象中心汇总修正处理后的全国共享预报产品对外发布未来 72 小时海区预报；每日定时制作发布国际海事责任未来 24 小时海事天气公报。

省级和地（市）级海洋气象台每日定时制作预报未来 72 小时各海区海洋气象的预报，上传至全国海洋气象信息共享系统，并使用经国家气象中心汇总修正处理后的全国共享预报产品对外发布未来 72 小时海区预报。

海洋气象预报应包含天气现象、风向、风力等要素，当预报有影响能见度的天气时，应说明能见度或影响能见度的因素（如海雾等）。沿岸海域海洋气象预报还应包含海上强对流天气预报。各地可视条件开展气象要素对海洋环境的影响预评估分析。省级和地市级的海洋气象预报应包含海区内重要港口和岛屿的预报。海事天气公报内容和格式依据全球海上遇险安全系统的有关规定执行。

各级海洋气象台可结合当地服务需求增加海洋气象预报的发布频次和预报内容，并及时上传至全国海洋气象信息共享系统。

当预报海区出现或预计出现非热带气旋影响的海洋气象灾害时，各级海洋气象台应当及时发布海洋气象灾害预警（警报）或预警信号，并根据天气变化及时滚动更新、变更或解除预警信息。各级海洋气象台制作发布的海洋气象灾害预警（警报）或预警信号应及时上传至全国海洋气象信息共享系统。受热带气旋影响的海洋气象灾害预报，按台风业务规定执行。

国家气象中心预计海区未来 48 小时将出现平均风力为 7～8 级大风天气时发布海上大风预报；预计未来 48 小时将出现平均风力为 9～10 级大风天气时发布海上大风黄色预警；预计未来 48 小时出现平均风力为 11 级及以上大风天气时发布海上大风橙色预警。

海洋中心气象台和省级及以下海洋气象台在预计预报海区未来 48 小时出现平均风力为 6 级及以上或阵风 7 级及以上大风天气时发布海上大风预警（警报）。当海上大风达到预警信号标准时，省级及以下海洋气象台应及时发布预警信号并滚动更新预警信息。各省可根据当地服务需求制定海上大风预警信号标准并报中国气象局预报与网络司备案。

各级海洋气象台在预计预报海区未来 24 小时出现能见度低于 1 公里的海雾天气时发布海雾预警（警报）。

海洋中心气象台、省级和地（市）级海洋气象台在预计沿岸海域预报区将出现强对流天气时，按短时临近预报业务的相关规定及时发布强对流天气的预警和预警信号。

海洋气象灾害预警（警报）或预警信号内容应包括海洋气象灾害的类型、落区、强度、未来的变化、可能的影响及防御建议等。

各级海洋气象台针对相同海区的预报预警应协调一致。当出现预报分歧时，上级海洋气象台应及时组织会商以统一预报意见。经会商后，沿岸海域的预报以省级海洋气象台预报为准；近海海域的预报以海洋中心气象台预报为主。台湾海峡的预报以福建省海洋气象台预报为主。海洋气象灾害预警，按相关气象灾害预警和预警信号发布办法执行。

各级海洋气象台制作发布的海洋气象预报、预警信息，应及时通过网络、传真、电话、手机、广播、电子显示屏等多种方式向当地政府、社会民众、有关部门传输和发布，开展及时有效的预报预警服务。

（二）全球海洋观测系统

全球海洋观测系统致力于协调全球海洋周围的观测，主要探讨三个关键主题：气候、应用服务和海洋生态系统健康。这为形成跨区域、跨团体和跨技术领域的新合作模式开辟了新途径，促进了全球海洋观测事业的发展。

1.信息化技术在全球海洋观测系统中的应用

（1）高频雷达

全球高频雷达网络建成于 2012 年，是地球观测小组推广的高频雷达技术的一部分，当时没有机会将此技术集成到全球海洋观测系统中。高频雷达网络可每小时生成一次海岸线 200 公里内的海洋表面流动图。该技术正在成为区域海洋观测系统的重要组成部分，大约有 400 个台站正在运行并实时收集地表当前信息。但是，目前仅使用该技术测量了全世界 2%的海岸线。截至 2018 年，地球观测小组列表中约有 281 个站点，亚太地区约有 140 个站点处于活动状态，并且随着菲律宾和越南的加入，预计这一数字还会增加。在全球高频雷达网络平台上显示地面当前信息的组织数量也从 2016 年的 7 个增加到 13 个。

全球高频雷达网络旨在使整个地区的数据格式标准化，制定质量控制标准，推广高频雷达测量的新兴应用，并加速将表面流动测量吸收到海洋和生态系统模型中。全球海洋观测系统区域联盟理事会已经发出倡议，将高频雷达作为观测要素纳入全球海洋观测系统，但是目前还尚未实现。

（2）海洋滑翔机

水上滑翔机和其他自主水面载具是独特而通用的观测平台，它们可以在关键数据稀疏地区开展持续自主的海洋数据收集工作，这对其他观测平台来说是极具挑战性的。随着海洋滑翔机技术的成熟，人们已经意识到区域和国际合作的必要性。

从区域上讲，滑翔机运营商应聚集在一起，形成个人滑翔机观测站和水上滑翔机用户组等用户群，以共享操作信息，提高操作的可靠性和数据管理的科学性。滑翔机运营商还应共同努力，改善水上滑翔机监控技术，开发滑翔机海洋观测平台。从国际上讲，可成立国际海洋滑翔机组，以实现上述目的。国际海洋滑翔机组内部可成立任务小组，将工作重点放在边界水流、暴风雨、水域改造、极地地区和数据管理等领域。全球海洋观测系统区域联盟理事会已表示支持这些方面的研究。海洋滑翔机具备收集各种规模的物理、生物、地理、化学数据的能力，相信它终将成为全球海洋观测系统的重要观测工具。

（3）动物追踪

2013 年，全球海洋观测系统生物学和生态系统专家组成立。截至 2018 年，该专家组已为全球海洋观测系统定义了 9 种新的生物海洋基本变量，其中包括"鱼类丰度和分布"和"海龟、鸟类、哺乳动物丰度和分布"。当前，动物跟踪技术在全球范围内得到广泛应用，人们可以持续观测物种的分布和丰度。

海洋追踪网络在全球各大洋设立了全球性的声学接收器。在加拿大政府和国际伙伴的配合下，海洋追踪网络已在全球部署了 2 000 多个声学跟踪站（接收器），并跟踪了 130 多种具有商业、生态和文化价值的水生物种。

自 2004 年以来，通过给海洋哺乳动物（如南部象海豹）贴标签，海洋追踪网络在世界海洋中收集了超过 500 000 个温度和盐度垂直剖面。这些数据是对 Argo 收集的数据的有益补充。研究表明，在其他观测数据缺失的海豹采样区域，将温度剖面数据吸收到全球海洋预报模型中，对区域温度和盐度的预测具有积极影响。

当前，包括美国综合海洋观测系统、欧洲全球海洋观测系统和海洋综合观测系统在内的多个全球海洋观测系统区域联盟都在进行动物跟踪项目研究，并致力于国际动物跟踪数据标准化。

（4）全球海洋酸性观测网络

全球海洋酸性观测网络是一种国际合作方法，用于记录远海、沿海和河口环境中海洋酸性情况，致力于研究海洋酸性对海洋生态系统的影响，并提供必要的数据以优化海洋酸性建模。

全球海洋观测系统区域联盟已制定海洋酸性计划,旨在通过全球海洋酸性观测网络和全球海洋酸性观测网络数据浏览器关注海洋酸性活动。数据浏览器可实现海洋酸化数据和数据合成产品的可视化,这些酸化数据和数据合成产品是在全球范围内采集的,采集设备有系泊设备、科研巡游船和固定时间序列站。

全球海洋酸化观测网络正在开发类似于全球海洋观测系统区域联盟的区域网络,包括北美枢纽、太平洋岛屿枢纽、北极枢纽、西太平洋和澳大利亚。此外,全球海洋酸性观测网络遵循全球海洋观测系统数据原则,其全球数据门户网站都是在美国综合海洋观测系统数据门户网站的基础上建立的。这为全球海洋观测系统区域联盟帮助全球海洋酸性观测网络建立其区域网络,以及全球海洋酸性观测网络帮助全球海洋观测系统区域联盟将非传统合作伙伴引入全球海洋观测系统提供了机遇。

(5)其他网络

全球海洋观测系统建设有利于消除全球观测能力的差距,同时也为综合持续生物观测带来了机遇,其中包括地球观测小组的海洋生物多样性观测网络。该观测网络优先考虑海洋生命的观测,以满足特定用户的需求,在可行的情况下识别并整合观测数据,以解决数据管理难题,确保这些数据得到广泛应用。海洋生物多样性观测网络还致力于开发将生物学观测与物理、生物、地理、化学观测相叠加的产品,以描述生态系统对人们生活的影响。目前,海洋生物多样性观测网络的资助方和合作伙伴正积极开发规格说明书,落实实施计划,以全面弥补全球海洋观测系统在生物学和生态系统变量方面的不足。

在沿海海洋监测中,研究者还开发了其他一些具有成本效益的仪器,如"摆渡箱"系统和浅水 Argo 剖面浮标(用于氧气和叶绿素 a 测量)。为了进行环境评估,一些研究者在沿海水域进行了大量的离线化学观测和生物观测,其观测结果大多未与海洋学界共享。现有的沿海观测网络需要进一步优化,整合不同监测团体的资源。

基于海洋变量的全球协议,能为现有全球海洋观测系统提供一个明确的目标，使各研究者聚集在一起，以实现一个共同的目标。例如，当前浮游生态系统观测主要通过离散水样、网状拖曳等方式进行，从历史上看，这些方法之间的集成有限。如今，人们的关注点都集中在基本海洋变量上，这会给人们提供更多的组合方法，尤其是在生态系统建模方面。

2.全球海洋观测系统的发展趋势

令人振奋的是，海洋和海洋气象联合技术委员会观测协调小组已将高频雷达、海洋滑翔机和动物载具确定为新兴网络。海洋和海洋气象联合技术委员会观测协调小组应在制定科学的策略，发挥这些新兴网络的作用时提供建设性意见。

需要指出的是，海洋和海洋气象联合技术委员会观测协调小组的活动范围有限，其活动领域限于测量基本海洋变量的网络。例如，全球海洋观测系统中生物与生态系统专家组已指定了新的生物基本海洋变量，包括硬珊瑚、海草、大型藻类和红树林。

第二节　海洋灾害的应急处置及警报发布标准

一、海洋灾害的应急处置

（一）应急处置的组织机构及职责

自然资源部负责组织开展我国管辖海域范围内风暴潮、海浪、海冰和海啸灾害的观测、预警和灾害调查评估等工作。

1. 自然资源部海洋预警监测司

负责组织协调部系统海洋灾害观测、预警、灾害调查评估和值班信息及约稿编制报送等工作，修订、完善《海洋灾害应急预案》。

2. 自然资源部办公厅

负责及时传达和督促落实党中央、国务院领导同志及部领导有关指示批示；及时高效运转涉及海洋灾害观测、预警信息的约稿通知等；保证 24 小时联络畅通，及时协助预警司按程序上报值班信息，切实强化值班信息时效性，重要情况督促续报；协调信息公开和新闻宣传工作。

3. 自然资源部海区局

负责在应急期间组织协调本海区的海洋灾害观测、预警，发布本海区海洋灾害警报，组织开展本海区海洋灾害调查评估，汇总形成本海区海洋灾害应对工作总结。协助地方开展海洋防灾减灾工作。

4. 国家海洋技术中心

负责在应急期间监控海洋观测仪器设备的运行状态并提供技术支持，汇总形成应急期间观测设备运行情况报告。

5. 国家海洋环境预报中心

负责组织开展海洋灾害应急预警报会商，发布全国海洋灾害警报，提供服务咨询，参与海洋灾害调查评估，汇总形成海洋灾害预警预报工作总结。

6. 国家海洋信息中心

负责全国海洋观测数据传输和网络状态监控，在应急期间提供数据传输和网络维护技术支撑，提供数据共享服务保障，汇总形成应急期间数据传输与共享服务保障情况报告。

7. 自然资源部海洋减灾中心

负责研究绘制国家尺度台风风暴潮风险图，组织开展海洋灾情统计，成立应急专家组，监督指导海洋灾害调查与评估工作，提供服务咨询，汇总形成海洋灾害调查评估报告。

8.国家卫星海洋应用中心

负责在应急期间开展卫星遥感资料解译及专题产品制作、分发工作，提供共享服务，为海洋预报和减灾机构提供遥感信息支撑。

（二）应急响应启动标准

按照影响严重程度、影响范围和影响时长，海洋灾害应急响应分为Ⅰ级（特别重大）、Ⅱ级（重大）、Ⅲ级（较大）、Ⅳ级（一般）四个级别。海洋灾害警报分为红、橙、黄、蓝四色，分别对应最高至最低预警级别。海洋灾害应急响应启动标准简表如表4-3所示。

表4-3　海洋灾害应急响应启动标准简表

	风暴潮	近岸海浪	近海海浪	海啸	海冰
Ⅰ级应急响应	2个及以上地级市风暴潮红色警报且北海区近岸海浪橙色或红色警报；2个及以上地级市风暴潮红色警报且东海、南海区近岸海浪红色警报	无		红色警报、橙色警报	连续5天发布红色警报
Ⅱ级应急响应	2个及以上地级市橙色警报或1个及以上地级市红色警报	红色警报	无	黄色警报	连续2天发布橙色或红色警报
Ⅲ级应急响应	2个及以上地级市黄色警报或1个地级市橙色警报	橙色警报	红色警报	无	连续2天发布蓝色或黄色警报
Ⅳ级应急响应	2个及以上地级市蓝色警报或1个地级市黄色警报	黄色警报	橙色警报	无	无

海洋灾害应急响应级别可根据海洋灾害影响预判情况适当调整。

1.当出现以下情况之一时，启动Ⅰ级海洋灾害应急响应

①预报中心发布2个及以上地级市风暴潮红色警报，且发布北海区近岸海域（北海区近岸海域是指辽宁、河北、天津、山东的近岸海域）海浪橙色或红色警报。

②预报中心发布2个及以上地级市风暴潮红色警报，且发布东海、南海区近岸海域（东海区近岸海域是指江苏、上海、浙江、福建的近岸海域，南海区近岸海域是指广东、广西、海南的近岸海域）海浪红色警报。

③预报中心连续5天发布海冰红色警报。

④预报中心发布海啸橙色或红色警报。

2.当出现以下情况之一时，启动Ⅱ级海洋灾害应急响应

①预报中心发布2个及以上地级市风暴潮橙色警报或1个及以上地级市风暴潮红色警报。

②预报中心发布近岸海域海浪红色警报。

③预报中心连续2天发布海冰橙色或红色警报。

④预报中心发布海啸黄色警报。

3.当出现以下情况之一时，启动Ⅲ级海洋灾害应急响应

①预报中心发布2个及以上地级市风暴潮黄色警报或1个地级市风暴潮橙色警报。

②预报中心发布近岸海域海浪橙色警报或近海海域海浪红色警报。

③预报中心连续2天发布海冰蓝色或黄色警报。

4.当出现以下情况之一时，启动Ⅳ级海洋灾害应急响应

①预报中心发布2个及以上地级市风暴潮蓝色警报或1个地级市风暴潮黄色警报。

②预报中心发布近岸海域海浪黄色警报或近海海域海浪橙色警报。

（三）响应程序

1.海洋灾害预判预警

预计将发布风暴潮、海浪和海冰灾害警报时，预报中心应组织各级海洋预报机构开展预判会商，及时发布海洋灾害预警报信息，并将会商意见报送预警司。

2.应急响应

（1）Ⅰ级海洋灾害应急响应

①签发应急响应命令。根据Ⅰ级海洋灾害应急响应启动标准，由分管部领导签发启动或调整为Ⅰ级应急响应的命令，发送部属有关单位，抄送受灾害影响省、自治区、直辖市的自然资源（海洋）主管部门。

②加强组织管理。预计将启动Ⅰ级海洋灾害应急响应时，预警司组织部属有关单位和受灾害影响省、自治区、直辖市自然资源（海洋）主管部门，召开海洋灾害应急视频部署会，分管部领导出席，部署开展海洋灾害应急准备工作。

预警司和有关单位落实应急值班制度，确定带班领导和应急值班人员，保持 24 小时联络畅通。预警司领导和有关单位厅局级领导、值班人员每日参加海洋灾害应急视频会商，密切关注海洋灾害发生发展动态，研究决策应急响应工作。

海洋减灾中心会同预报中心、相关海区局成立并派出海洋灾害应急专家组，开展灾害调查评估，监督指导海洋灾害应急处置，提供决策咨询和技术支持。

③加密观测。风暴潮和海浪灾害应急响应启动期间，有关海区局组织开展海浪加密观测。其中具备条件的自动观测点每半小时加密观测 1 次，人工观测点在确保人员安全且具备观测条件的前提下每小时加密观测 1 次，并将数据实时传输至预报中心。

海冰灾害影响期间，有关海区局每天组织开展 1 次重点岸段现场巡视与观测，必要时应组织开展无人机航空观测，并在当天将数据发送至预报中心、海洋减灾中心、海洋卫星中心和相关省、自治区、直辖市海洋预报机构。

海洋卫星中心统筹国内外卫星资源，加密获取卫星数据，及时将卫星数据和专题产品发送至预报中心、海洋减灾中心、相关海区局和省、自治区、直辖市海洋预报减灾机构。

④应急会商与警报发布。预报中心组织各级海洋预报机构开展应急会商，其中风暴潮、海浪灾害视频会商每日不低于 2 次，风暴潮警报每日 8 时、16 时、22 时发布 1 期，海浪警报每日 8 时、16 时分别发布 1 期，若发布近岸海域海浪红色警报，夜间加发 1 期；海冰灾害视频会商每日不低于 1 次，海冰警报每日 16 时发布 1 期。如遇灾害趋势发生重大变化时应加密会商并发布警报。海洋灾害警报要及时报应急管理部和国家防汛抗旱总指挥部。

预计发生海啸灾害时，预报中心不必组织各级海洋预报机构开展会商，直接发布海啸警报并随时滚动更新。如预计海啸灾害将影响港澳台地区，预报中心第一时间直接向港澳地区有关部门发布海啸预警信息，同时报外交部、港澳办、台办。

⑤值班信息报送。海洋技术中心、预报中心、海洋信息中心、海洋减灾中心、海洋卫星中心、各海区局每日向预警司报送值班信息，报告本单位领导带班和海洋灾害应急工作情况，观测、实况、预报和灾情等关键信息要在每日 9 时前报送，其他情况每日 15 时前报送；如遇突发情况要随时报送。预警司编报《自然资源部值班信息》。

（2）Ⅱ级海洋灾害应急响应

①签发应急响应命令。根据Ⅱ级海洋灾害应急响应启动标准，由预警司司领导签发启动或调整为Ⅱ级应急响应的命令，发送部属有关单位，抄送受灾害影响省、自治区、直辖市的自然资源（海洋）主管部门。

②加强组织管理。预警司和有关单位落实应急值班制度，确定带班领导和应急值班人员，保持 24 小时联络畅通，值班人员每日参加应急视频会商，密

切关注海洋灾害发生发展动态，协调指挥应急响应工作。

海洋减灾中心会同预报中心、相关海区局成立并派出海洋灾害应急专家组，开展灾害调查评估，监督指导海洋灾害应急处置，提供决策咨询和技术支持。

③加密观测。海浪灾害应急响应启动期间，有关海区局组织开展海浪加密观测。其中具备条件的自动观测点每半小时加密观测 1 次，人工观测点在确保人员安全且具备观测条件的前提下每小时加密观测 1 次，并将数据实时传输至预报中心。

海冰灾害影响期间，有关海区局每周组织开展至少 2 次重点岸段现场巡视与观测，必要时应组织开展无人机航空观测，并在当天将数据发送至预报中心、海洋减灾中心和相关省、自治区、直辖市海洋预报机构。

海洋卫星中心统筹国内外卫星资源，加密获取卫星数据，及时将卫星数据和专题产品发送至预报中心、海洋减灾中心、相关海区局和省、自治区、直辖市海洋预报减灾机构。

④应急会商与警报发布。预报中心组织各级海洋预报机构开展应急会商，其中风暴潮、海浪灾害视频会商每日不低于 2 次，风暴潮警报每日 8 时、16 时分别发布 1 期，若发布风暴潮红色警报，夜间加发 1 期，海浪警报每日 8 时、16 时分别发布 1 期，若发布近岸海域海浪红色警报，夜间加发 1 期；海冰灾害视频会商每日不低于 1 次，海冰警报每日 16 时发布 1 期。如遇灾害趋势发生重大变化时，应加密会商并发布警报。海洋灾害警报要及时报应急管理部和国家防汛抗旱总指挥部。

预计发生海啸灾害时，预报中心不必组织各级海洋预报机构开展会商，直接发布海啸警报并随时滚动更新。如预计海啸灾害将影响港澳台地区，预报中心第一时间直接向港澳地区有关部门发布海啸预警信息，同时报外交部、港澳办、台办。

⑤值班信息报送。海洋技术中心、预报中心、海洋信息中心、海洋减灾中

心、海洋卫星中心、各海区局每日向预警司报送值班信息，报告本单位领导带班和海洋灾害应急工作情况，观测、实况、预报和灾情等关键信息要在每日 9 时前报送，其他情况每日 15 时前报送；如遇突发情况要随时报送。预警司编报《自然资源部值班信息》。

（3）Ⅲ级海洋灾害应急响应

①签发应急响应命令。根据Ⅲ级海洋灾害应急响应启动标准，由预警司司领导签发启动或调整为Ⅲ级应急响应的命令，发送部属有关单位，抄送受灾害影响省、自治区、直辖市的自然资源（海洋）主管部门。

②加强组织管理。预警司和有关单位落实应急值班制度，确定带班领导和应急值班人员，保持 24 小时联络畅通，密切关注海洋灾害发生发展动态，协调指挥应急响应工作。

如预判可能发生重大灾情，海洋减灾中心会同预报中心、相关海区局成立并派出海洋灾害应急专家组，开展灾害调查评估，监督指导海洋灾害应急处置，提供决策咨询和技术支持。

③加密观测。海浪灾害应急响应启动期间，有关海区局视情况组织开展海浪加密观测。

海冰灾害影响期间，有关海区局每周组织开展 1 次重点岸段现场巡视与观测，并在当天将数据发送至预报中心、海洋减灾中心和相关省、自治区、直辖市海洋预报机构。

海洋卫星中心及时制定探测计划，加密获取自主海洋卫星数据。及时将卫星数据和专题产品发送至预报中心、海洋减灾中心、相关海区局和省、自治区、直辖市海洋预报减灾机构。

④应急会商与警报发布。预报中心组织各级海洋预报机构开展应急会商，其中风暴潮、海浪灾害视频会商每日不低于 1 次，风暴潮、海浪警报每日 8 时、16 时分别发布 1 期；海冰灾害视频会商每日不低于 1 次，海冰警报每日 16 时分别发布 1 期。如遇灾害趋势发生重大变化时，应加密会商并发布警报。海洋

灾害警报要及时报应急管理部和国家防汛抗旱总指挥部。

⑤值班信息报送。海洋技术中心、预报中心、海洋信息中心、海洋减灾中心、海洋卫星中心、各海区局视情况向预警司报送值班信息，报告本单位领导带班和海洋灾害应急工作情况。观测、实况、预报和灾情等关键信息要在每日 9 时前报送。如预判可能发生重大灾情，预警司编报《自然资源部值班信息》。

（4）Ⅳ级海洋灾害应急响应

①签发应急响应命令。根据Ⅳ级海洋灾害应急响应启动标准，由预警司司领导签发启动或调整为Ⅳ级应急响应的命令，发送给部属有关单位，抄送受灾害影响省、自治区、直辖市的自然资源（海洋）主管部门。

②加强组织管理。预警司和有关单位落实应急值班制度，确定带班领导和应急值班人员，保持 24 小时联络畅通，密切关注海洋灾害发生发展动态，协调指挥应急响应工作。

如预判可能发生重大灾情，海洋减灾中心会同预报中心、相关海区局成立并派出海洋灾害应急专家组，开展灾害调查评估，监督指导海洋灾害应急处置，提供决策咨询和技术支持。

③加密观测。海浪灾害应急响应启动期间，有关海区局视情况组织开展海浪加密观测。

海洋卫星中心及时制定探测计划，加密获取自主海洋卫星数据，及时将卫星数据和专题产品发送至预报中心、海洋减灾中心、相关海区局和省、自治区、直辖市海洋预报减灾机构。

④应急会商与警报发布。预报中心组织各级海洋预报机构开展应急会商，其中风暴潮、海浪灾害视频会商每日不低于 1 次，风暴潮、海浪警报每日 8 时、16 时分别发布 1 期。如遇灾害趋势发生重大变化时，应加密会商并发布警报。海洋灾害警报要及时报应急管理部和国家防汛抗旱总指挥部。

⑤值班信息报送。海洋技术中心、预报中心、海洋信息中心、海洋减灾

中心、海洋卫星中心、各海区局视情况向预警司报送值班信息，报告本单位领导带班和海洋灾害应急工作情况。观测、实况、预报和灾情等关键信息要在每日 9 时前报送。如预判可能发生重大灾情，预警司编报《自然资源部值班信息》。

3.应急响应终止

海洋灾害警报解除后，由预警司司领导签发应急响应终止的通知，发送部属有关单位，抄送受灾害影响省、自治区、直辖市的海洋灾害应急主管部门。

4.信息公开

办公厅协调，预警司负责组织相关单位采取发布新闻通稿、接受记者采访、组织现场报道和直播连线等方式，通过电视、广播、报纸、新媒体等多种途径，主动、及时、准确、客观地向社会发布海洋灾害预警和应对工作信息，回应社会关切，澄清不实信息，引导社会舆论。信息公开内容主要包括海洋灾害种类、强度、影响范围、发展趋势及应急响应和服务工作等。

二、海洋灾害警报发布标准

（一）风暴潮警报发布标准

1.风暴潮蓝色警报

受热带气旋或温带天气系统影响，预计未来受影响区域内有一个或一个以上有代表性的验潮站的高潮位达到蓝色警戒潮位，应发布风暴潮蓝色警报。预计未来 24 小时内热带气旋将登陆我国沿海地区，或在离岸 100 千米以内，即使受影响区域内有代表性的验潮站的高潮位低于蓝色警戒潮位，也应发布风暴潮蓝色警报。

2.风暴潮黄色警报

受热带气旋或温带天气系统影响，预计未来受影响区域内有一个或一个以上有代表性的验潮站的高潮位达到黄色警戒潮位，应发布风暴潮黄色警报。

3.风暴潮橙色警报

受热带气旋或温带天气系统影响，预计未来受影响区域内有一个或一个以上有代表的验潮站的高潮位达到橙色警戒潮位，应发布风暴潮橙色警报。

4.风暴潮红色警报

受热带气旋或温带天气系统影响，预计未来受影响区域内有一个或一个以上有代表性的验潮站的高潮位达到红色警戒潮位，应发布风暴潮红色警报。

（二）海浪警报发布标准

1.海浪蓝色警报

受热带气旋或温带天气系统影响，预计未来 24 小时受影响近岸海域出现 2.5 米至 3.5（不含）米有效波高时，应发布海浪蓝色警报。

2.海浪黄色警报

受热带气旋或温带天气系统影响，预计未来 24 小时受影响近岸海域出现 3.5 米至 4.5（不含）米有效波高，或者近海预报海域出现 6.0 米至 9.0（不含）米有效波高时，应发布海浪黄色警报。

3.海浪橙色警报

受热带气旋或温带天气系统影响，预计未来 24 小时受影响近岸海域出现 4.5 米至 6.0（不含）米有效波高，或者近海预报海域出现 9.0 米至 14.0（不含）米有效波高时，应发布海浪橙色警报。

4.海浪红色警报

受热带气旋或温带天气系统影响，预计未来 24 小时受影响近岸海域出现达到或超过 6.0 米有效波高，或者近海预报海域出现达到或超过 14.0 米有效波高时，应发布海浪红色警报。

（三）海冰警报发布标准

1.海冰蓝色警报

浮冰范围达到以下情况之一，且冰量八成以上，预计海冰冰情持续发展，应发布相应海湾海冰蓝色警报。不同海湾浮冰范围如下：

①辽东湾浮冰范围达到 60 海里；

②渤海湾浮冰范围达到 25 海里；

③莱州湾浮冰范围达到 25 海里；

④黄海北部浮冰范围达到 25 海里。

2.海冰黄色警报

浮冰范围达到以下情况之一，且冰量八成以上，预计海冰冰情持续发展，应发布相应海湾海冰黄色警报。不同海湾浮冰范围如下：

①辽东湾浮冰范围达到 75 海里；

②渤海湾浮冰范围达到 35 海里；

③莱州湾浮冰范围达到 35 海里；

④黄海北部浮冰范围达到 35 海里。

3.海冰橙色警报

浮冰范围达到以下情况之一，且冰量八成以上，预计海冰冰情持续发展，应发布相应海湾海冰橙色警报。不同海湾浮冰范围如下：

①辽东湾浮冰范围达到 90 海里；

②渤海湾浮冰范围达到 40 海里；

③莱州湾浮冰范围达到 40 海里；

④黄海北部浮冰范围达到 40 海里。

4.海冰红色警报

浮冰范围达到以下情况之一，且冰量八成以上，预计海冰冰情持续发展，应发布相应海湾海冰红色警报。不同海湾浮冰范围如下：

①辽东湾浮冰范围达到 105 海里；

②渤海湾浮冰范围达到 45 海里；

③莱州湾浮冰范围达到 45 海里；

④黄海北部浮冰范围达到 45 海里。

（四）海啸警报发布标准

1.海啸黄色警报

受地震或其他因素影响，预计海啸波将会在我国沿岸产生 0.3（含）米至 1.0 米的海啸波幅，发布海啸黄色警报。

2.海啸橙色警报

受地震或其他因素影响，预计海啸将会在我国沿岸产生 1.0（含）米至 3.0 米的海啸波幅，发布海啸橙色警报。

3.海啸红色警报

受地震或其他因素影响，预计海啸波将在我国沿岸产生 3.0（含）米以上的海啸波幅，发布海啸红色警报。

4.海啸信息

受地震或其他因素影响，预计海啸波将会在我国沿岸产生 0.3 米以下的海啸波幅，或者没有海啸，发布海啸信息。

第五章　海洋管理信息化

当前，我国海洋管理仍存在渔业资源数据不清、渔船管理不善、渔政执法力量不足等问题，海洋管理信息化建设势在必行。海洋管理信息化能实现渔船实时精确定位，并通过大数据技术对渔船信息进行辅助分析，记录渔船轨迹，有利于解决渔船作业"难监管"、渔船补贴"难核实"、违规渔船行为"难管控"等问题，同时又能让渔民获得更宽广的信息渠道，有利于渔政渔业管理部门针对辖区渔船进行精细化管理，更好地服务渔船和渔民，提升渔船监管效率。

第一节　渔业船舶信息化管理

渔业船舶信息化管理系统依托物联网、GIS、大数据、AI 算法等新一代技术，采用近端数据采集和远程传输监控相结合的监管模式，以实现对渔船作业情况的实时动态监管，保障渔业作业生产和安全，提高渔港和渔船管理的智能化水平。

一、信息化管理功能

渔船是渔业生产的基本单位。随着国家经济的不断发展，沿海城市内陆河流和近海流域的船只数量不断增加，船只动态监管和安全监管逐渐成为一个难题。加强渔船监测、建立标准化渔船监管系统是渔业管理发展的必然趋势。相关部门和单位可建设依托物联网技术的动态信息监控系统，采用近端数据采集、远程传输监控的模式，通过渔政监控中心实现对多个渔船的实时监控，从而规范渔业生产秩序，保障渔船作业安全，提升渔政管理水平。

（一）实施渔船档案信息化管理

采集、处理、存储、分析全区渔船信息，根据"一船一档"的原则，为每一艘渔船建立电子档案，建立渔船专业资源库。让渔船编码成为每一艘渔船的唯一标识，实现渔船档案的综合检索查询、统计分析、可视化展示等功能。

（二）开展渔船动态监测

渔船在江河流域上的定位监测是实现渔船作业监控的基础，渔船动态监管系统接入船载北斗终端设备，以 5G 技术为基础，具有高速率、低延迟的特点，能在渔船作业过程中实时采集位置、速度、时间等信息，最终基于 GIS 地图，动态展示渔船实时空间定位。渔船动态监测应以大数据技术为抓手，对渔船点位信息进行多维度辅助分析，自动计算渔船在选定时间段内的行驶里程和行驶总里程，同时针对渔船轨迹进行回溯追踪，实现对渔船的精准控制。

（三）开发渔船实时告警功能

根据船载北斗终端设备的状态，系统提供设备拆卸报警、离线告警、内部电池低电报警等多种报警类型。监管系统自设渔船电子围栏，当渔船驶离电子围栏区域或船载北斗终端设备处于告警状态时，系统会自动获取渔船船主信息、当前定位、告警类型、地址详情等信息，并在系统中醒目显示，及时提醒渔政渔业监管人员核实相关情况。

二、信息化服务要求

（一）系统信息接入

应包括但不限于以下系统信息数据的接入：

①卫星系统数据。

②AIS 数据。

③公众移动通信数据。

④短波/超短波数据。

⑤雷达数据。

⑥RFID 数据。

⑦视频监控数据。

（二）系统信息接入处理及信息反馈

应包括但不限于以下系统信息接入处理及信息反馈：

①能处理数据源输入的位置信息、短消息信息、报警信息等，并解释成系统标准数据格式输入到本系统中，同时应提供数据接收回执给数据源所在的系统。

②能处理异地容灾备份中心转发的位置信息、短消息信息、报警信息等，并解释成系统标准数据格式输入到本系统中，同时应提供数据接收回执给异地容灾备份中心。

（三）系统信息处理

应包括但不限于以下系统信息处理：

①位置数据处理时间：不大于 1 秒。

②调位处理时间：符合所调船位的各卫星运营商通信系统技术指标要求。

③报警消息接收的处理时间：接收平台间转发报警消息的时间应不大于3秒。

④系统内轨迹回放下载处理时间：客户端软件从渔船渔港动态监控管理系统中心数据库下载 8 小时内 20 000 个位置信息的时间应不大于 60 秒。

⑤轨迹回放处理时间：单船轨迹回放的时间应不少于 30 天，区域船舶回放时间应不少于 8 小时。

⑥具有大容量动态目标（＞30 000）的显示跟踪能力。海图的显示更新时间在显示 30 000 个在线目标时不得超过 2 秒。

⑦船舶标签显示应满足 IHO S52 标准的要求，应可以选择显示船首向、轨迹线、矢量线，并可以选择显示船舶的基本信息——船名、MMSI、呼号、船舶类型、作业类型、船东、报位终端类型、经纬度等。

⑧多种位置源融合功能（以船舶为目标，融合各种报位设备）：至少支持3 种位置源融合，并支持融合后的显示。同时支持单位置源显示（比如：仅查看北斗或 AIS 终端上报的位置）。

⑨监控目标支持船型等比放大显示。

⑩辅助图层：支持辅助图层在海图上自行添加标注港区、泊位、码头、禁航区、警戒区（线）、地物名称的功能。

⑪支持在电子海图上进行重要事件记录和目标船快速定位功能。

⑫经纬网格显示：支持选择性显示经纬度网格的功能。

⑬支持海图、地图、卫星影像图切换显示。

⑭支持叠加显示台风等海洋气象信息。

（四）系统信息数据存储、备份和管理模式

系统数据存储采用异地容灾备份中心集中存储和省（市）数据中心分布存储的方式；省级以下的系统数据存储宜采用数据集中模式或数据交换模式，也可采用两种模式相结合的方式。

数据的备份应采用定期全备份和每周增量备份的方式。异地容灾备份中心和省（市）级平台中心数据库采用 1＋1 热备的方式进行在线数据存储，采用磁盘阵列柜作为在线数据备份，省（市）级平台中心建议采用磁带库作为离线数据备份。市级数据库采用单机数据库存储，也可以配置磁盘阵列柜作为在线备份。

渔船动态监管系统平台的数据管理模式可分为两种，即：数据集中模式和数据交换模式。

数据集中模式是指整个应用系统采用 B/S 架构，省级以下渔船动态监管系统采用网络直报方式进行业务操作和信息共享，渔船监管业务数据和渔船基本信息数据全部保存在省级数据中心，而地市及以下各级渔船动态监管部门不保存相关的业务数据和渔船基本信息数据。

数据交换模式是指在县区及以下渔业部门独立安装使用的渔船动态监控管理客户端软件基础之上，依据各种数据接口标准通过集成平台实现对分布式数据的收集、汇总和共享，县区级渔业部门的应用系统中都保存有自己的数据，省级、地市级数据中心只是存放了属地范围内用于数据汇总分析和数据交换共享的数据。

各地渔船渔港动态监控管理系统平台的建设可根据本地实际条件，选用数据集中模式或数据交换模式，也可采用两种模式相结合的方式。

（五）系统应用服务

系统应用服务应包含但不限于以下服务内容：

①基本应用服务：应包含电子海图显示及控制、船舶监控、船舶搜索、船舶定位、轨迹回放、短消息收发、调取船位等服务。

②高级应用服务：应包含在线离线船舶统计、港内港外船舶统计、电子海图下载等服务。

③管理应用服务：应包含用户接入的管理、数据分发的管理、其他系统接

入服务的管理、基站运行状态监控的管理、船舶基础的维护管理等服务。

④报警及安全应用服务：应包含船舶预警、船舶报警、报警处理、搜救救助、指挥调度等服务。

⑤灾害应用服务：应包含台风、海浪等气象信息的叠加显示服务，以及提供预警短信息播发等应用服务。

⑥视频应用服务：可支持直接链接调用渔船渔港视频监控系统实现视频监控服务，也可在渔船渔港视频监控系统的厂商提供视频监控接口协议的基础上实现等同接口协议的相关视频监控设备的操作服务。

⑦其他及扩展应用服务：应预留支持其他系统为渔船渔港动态监控管理系统提供的渔业船舶安全监管所需的扩展应用服务。

（六）系统信息输出

应包括船舶历史轨迹数据的输出、各类服务的统计报表输出、船舶基础资料的输出、向异地容灾备份中心的输出，以及需要与其他系统进行数据交换的数据输出。

三、信息化交互要求

（一）人机交互要求

①界面设计应采用主流的视窗风格界面，支持屏幕分辨率自适应。

②支持鼠标滚轮、左键和右键的常用功能快捷键操作。

③告警类信息应自动弹出告警窗口且不能自动解除。

④采用 C/S 结构的客户端软件在 20 000 艘船舶同时在线显示情况下海图刷新速度应不大于 2 秒。

（二）与数据源的交互要求

通过专线实现接入的数据源交互数据延时不应大于 1 秒，通过公网实现接入的数据源交互数据延时不应大于 2 秒。

交互数据失败应可以自动进行重发，报警类信息重发次数不应少于 3 次，其他类信息重发次数不应多于 3 次。

四、系统数据交换

（一）数据交换原则

各省/市级渔船、渔港动态监管系统将数据异地备份至渔船渔港动态监控管理系统异地容灾备份中心，同时通过渔船渔港动态监控管理系统异地容灾备份中心进行数据交换。

（二）数据交换内容

省/市级渔船渔港动态监控管理系统中心向异地容灾备份中心上传本省所辖渔船通信基础数据、渔船与终端关联关系、RFID 进出港数据、船员信息数据、渔船动态数据（包括 AIS、渔业雷达、北斗、海事卫星及其他定位方式确定的渔船位置数据）、渔船报警数据、渔船通信数据。

渔船信息数据处理规则：国家级备份平台即时同步渔政管理指挥系统数据，同时接收省级平台上传的渔船信息数据，指挥系统中存在的数据以指挥系统数据为准。

报警数据处理规则：跨海区报警数据即时转发至报警位置归属省份，省级平台需发送报警处理结果给国家级渔船渔港动态监控管理系统。

（三）数据交换规则

省/市级渔船渔港动态监控管理中心通过渔船渔港动态监控管理系统异地容灾备份中心交换渔船动态数据、渔船信息数据、报警数据。交换方式如下。

1.全部数据交换

通过渔船渔港动态监控管理系统异地容灾备份中心将省级平台数据完全交换到所属同一海区下的其他省份，实现所属海区内数据的全共享。

2.跨海区自动交换

跨海区作业渔船的船籍所属省平台自动发送渔船动态、渔船信息、报警数据到渔船渔港动态监控管理系统异地容灾备份中心，渔船渔港动态监控管理系统异地容灾备份中心将这些数据转发至作业区域所属的省级平台。

3.区域报警交换数据

跨海区作业渔船发生报警时，作业区域所属的省级平台将报警渔船及附近指定范围内的船舶数据发送到渔船渔港动态监控管理系统异地容灾备份中心，渔船渔港动态监控管理系统异地容灾备份中心将这些数据转发至报警渔船所属的省级平台。

第二节 海域使用管理

海域作为人类新的生存发展空间和资源宝库，受到了各国的高度重视，主要沿海国家纷纷建立了一系列关于海域使用的管理制度。海域使用管理是海洋管理的重要组成内容，它是国家根据国民经济和社会发展的需要，依据海域的资源与环境条件，对海域的分配、使用、整治和保护等过程和行为所进行的决策、组织、控制和监督等一系列工作的总称。由于海域空间资源、环境容量、资源容量的有限性，海域使用管理是一项十分复杂的工作。

一、海域的基本知识

海域是指中华人民共和国内水、领海的水面、水体、海床和底土。海域为国家所有，国务院代表国家行使海域所有权。任何单位或者个人不得侵占、买卖或者以其他形式非法转让海域。单位和个人使用海域，必须依法取得海域使用权。

（一）海洋功能区划制度

我国实行海洋功能区划制度，海域使用必须符合海洋功能区划。我国严格管理填海、围海等改变海域自然属性的用海活动。

1.海洋功能区划管理组织

国务院海洋行政主管部门会同国务院有关部门和沿海省、自治区、直辖市人民政府，编制全国海洋功能区划。

沿海县级以上地方人民政府海洋行政主管部门会同本级人民政府有关部门，依据上一级海洋功能区划，编制地方海洋功能区划。

2.海洋功能区划编制原则

①按照海域的区位、自然资源和自然环境等自然属性，科学确定海域功能。

②根据经济和社会发展的需要，统筹安排各有关行业用海。

③保护和改善生态环境，保障海域可持续利用，促进海洋经济的发展。

④保障海上交通安全。

⑤保障国防安全，保证军事用海需要。

3.海洋功能区划分级审批

①全国海洋功能区划，报国务院批准。沿海省、自治区、直辖市海洋功能

区划，经该省、自治区、直辖市人民政府审核同意后，报国务院批准。沿海市、县海洋功能区划，经该市、县人民政府审核同意后，报所在的省、自治区、直辖市人民政府批准，报国务院海洋行政主管部门备案。

②海洋功能区划的修改，由原编制机关会同同级有关部门提出修改方案，报原批准机关批准；未经批准，不得改变海洋功能区划确定的海域功能。

③经国务院批准，因公共利益、国防安全或者进行大型能源、交通等基础设施建设，需要改变海洋功能区划的，根据国务院的批准文件修改海洋功能区划。

④养殖、盐业、交通、旅游等行业规划涉及海域使用的，应当符合海洋功能区划。

⑤国家建立海域使用管理信息系统，对海域使用状况实施监视、监测。

（二）海域测绘专业细分

1.海洋遥感

海洋遥感包括卫星遥感和机载遥感。

依托我国自主研制的"天绘""资源""高分"等系列卫星以及国外公开的各类卫星资源，可得到海量的波浪、温度、海冰及风力等海洋环境数据，进而对海洋进行实时、全方位的立体监测，这就是卫星遥感。

机载遥感主要借助机载可见光相机、可见光摄像机、红外相机、高光谱成像仪、激光雷达、合成孔径雷达等，开展海岸带地形岸线、植被、水色的监测。

海洋遥感技术具有速度快、范围广等特点，可获取海洋的整体情况，能提供更多的实时信息，开展海冰、溢油、绿潮、赤潮、海温、水色、海洋渔业和风暴潮等方面的应用研究，可对我国海况预警报、海洋防灾减灾、海洋环境保护和海洋资源开发等领域产生积极影响。

2.水深测量

水深测量是海道测量和海底地形测量的基本手段。水深测量与水下地形测量有所不同,水深测量获取的深度是指在理论深度基准面上的水深,属于海道测量的重要内容,以保障船舶航行安全为目的,水深也是海图制图的主要要素;水下地形测量获取的深度是以多年平均海水面或1985国家高程基准为起算面,着重于海陆域基准的统一,用于满足海洋工程建设的需要,一般用在海洋工程的施工图中。目前,水深测量主要方法为单波束水深测量、多波束水深测量和机载激光测深。

3.海洋重力测量

海洋重力测量是为研究地球形状和地球内部构造,勘探海洋矿产资源,保障航天和远程武器发射等进行的测量。海洋重力设备有海洋摆仪和海洋重力仪两大类,按测量载体可分为星基式、机载式、船基式和沉箱式。海洋重力测量在大地测量学、地球科学、海洋科学、航天科技、水下地磁匹配导航和海洋军事活动等方面具有重要意义。

4.海洋磁力测量

海洋磁力测量是海洋地球物理探测的重要内容,它以岩石的磁性差异为前提,根据磁异常场的特征及其分布规律,了解海底岩石磁性不均匀性,进而推断地壳结构和构造、洋底生成和演化历史,以及勘查大陆边缘地区的矿产分布。同时磁法探测不受空气、水、泥等介质的影响,能准确检测出铁磁物质所引起的磁异常,因此也广泛应用于水下小目标尤其是泥下磁性目标的探测,以及光电缆、海底路由管线、沉船、铁锚等探测。

5.海洋导航定位

海洋导航定位,包括海上位置服务与水下声学定位。海上位置服务目前主要借助全球导航卫星系统(GNSS)来进行定位,已基本取代了地基无线电导航、传统大地测量和天文测量导航定位技术。GNSS包括美国的GPS、俄罗斯的GLONASS、欧盟的GALILEO和中国的北斗卫星导航系统。水下导航定位多采用水下声学定位系统,是指用水声设备确定水下载体或设备位置的声学技术,可分为长基线(LBL)、短基线(SBL)、超短基线(USBL)和组合定位四种，长基线和短基线水声定位系统需要分别在海床和船体上安装固定接收基阵，超短基线水声定位系统则将水听器组件装在一个精密的容器里。相对而言，超短基线定位技术具有便携性和独立性，因此成为目前水声定位设备发展的一个热点。

6.海岛礁与海岸带地形测量

海岛礁与海岸带是陆地地形与海底地形的过渡地带，是海洋空间资源的重要组成部分，对其进行测量也是海洋工程建设及海洋空间规划的需要。传统海岸带地形测量多采用全站仪或实时动态（RTK）测量技术人工完成，但效率较低且部分区域施测困难，而利用遥感技术、机载激光雷达、GNSS进行水上水下一体化移动测量，具有快速、动态和低成本等突出优势，将是未来海岛礁与海岸带地形测量的主要趋势。

7.侧扫声呐测量

侧扫声呐系统是常用的条带式海底成像设备，借助拖鱼上左、右舷换能器阵列发射的宽扫幅波束，在走航过程中对海底进行线扫描，进而形成可反映水体、海底目标分布和地貌特征的条带图像，是现在比较常用的扫海测量手段。目前，侧扫声呐系统正向多频段、多脉冲、多波束、深拖及同时具备测深及成像功能的方向发展，广泛应用于各种水下目标探测、海底障碍物探测、扫海测量及裸露海底管线调查等。

8.海洋底质探测

海洋底质探测是海洋动力学研究、海洋矿产资源开发、船舶锚地选择、海底管线铺设、水下潜器座底、海洋工程建设等项目实施的基础。海域测绘中的海底底质探测主要研究海底表面及浅层沉积物性质，目前常用的方法有表层采样、取样，柱状采样，浅地层剖面测量，单道反射地震等。表层采样、取样大多用采样器实现；柱状采样则利用水下钻探技术，钻孔取芯，以此分析结果。采用表层采样和柱状采样这两种方法虽然具有直观、可直接接触样本的优点，但效率低下、成本较高。浅地层剖面测量根据声波回波特征与底质的相关性完成底质探测，分辨精度较高、效率也比较高；单道反射地震可以满足地质构造研究、航道疏浚、填海工程、海上基建项目选址等可研依据的需求，当然还可以应用于海底管线、隧道和各种掩埋物等的勘测、调查和研究。

9.合成孔径声呐探测

合成孔径声呐以虚拟孔径取代真实孔径，能更好地解决方位向分辨率问题。与传统侧扫声呐相比，合成孔径声呐的最大优势是具有很高的方位向空间分辨能力。通过高、低频换能器组合，同时获取高频和低频声呐图像，进而相对清晰地呈现出海底地貌和海床下一定深度的目标。因此，合成孔径声呐探测可以应用于海底地形测量、水下勘察，以及水下考古探查、水下军事目标识别等。

10.海洋水文测量

海洋水文测量是海洋测量不可或缺的组成部分。海洋水文测量包括海流、波浪、泥沙、海水的温度与含盐度、水色、透明度、含沙量、浑浊度、海发光以及海冰等，测量目的是了解水位和流速等与其他海洋测量有直接关系的内容，了解海洋水文要素分布状况和变化规律。海洋水文测量项目是根据调查任务确定的，海流、泥沙等水文要素观测应用于码头和航道区的选划、海洋环境评价、滩涂演变分析等；多要素的水文观测广泛应用于赤潮监测、危险化学品污染监测、海洋溢油调查、海岸侵蚀调查、海洋倾倒区选划、海洋自然保护区选划、特殊海区发展规划、海水增养殖区监测和陆源污染物排海监测等工作。海洋水文测量的观测手段大多利用卫星遥感、机载遥感、海洋浮标、岸基监测及船基测验等，观测方式大致可分为大面观测、断面观测以及连续观测等。

11.海洋地理信息系统

海洋测绘技术还包括海洋地理信息系统（MGIS）建设（当然也包括海岸带地理信息系统建设）。由于MGIS的研究对象主要是海面海底、岩石岛礁、水体水质、海岸带以及大气等涉海自然环境，同时还关注人类所进行的各类活动，对由此产生的不同来源的、复杂的空间数据进行采集、处理、集成、存储、分析、显示和管理，针对不同用户的不同需求提供诸如电子海图绘制、综合制图服务、可视化表达、空间分析、模拟预测及决策支持等不同类型的服务。随着互联网技术的进一步成熟，应用 Web 技术还能实现海洋数据和 MGIS 相关功能的实时更新与实时共享。

（三）海域测绘的行业应用

随着海域测绘新装备与新技术的不断发展，海域测绘作为解决海洋工程建设与海洋科学研究等方向的重要手段，已经被越来越多的人认识并得到广泛应用。作为细分的海域测绘产业有着广泛的应用前景，多种测量方法的融合是未来的一种趋势，海域测绘行业的部分应用领域如下。

1.码头、航道、锚地等工程测量

码头、航道、锚地等工程测量包括码头前沿、码头后沿及底部、调头区、回旋水域、进出港航道、待泊锚地等，码头前沿、调头区、回旋水域、航道区域一般需要进行水深测量，确保船只在设计水深以上。一般水域测量可选择单波束水深测量，疏浚、炸礁等整治区域或重要水域需要进行多波束全覆盖水深测量。对于锚地区域，除了必须进行水深测量外，还需要进行海底清障工作。为了确保锚地区域底质符合锚抓力条件，还需要进行浅地层剖面测量和侧扫声呐扫海测量工作。在有些海底底质环境复杂的锚地区域，清障工作完成后还需要开展海洋磁力测量，掌握第一手资料，确保船舶抛锚的安全。

码头后沿及底部通常采用单波束水深测量并定期进行观测，通过持续监测海底不断生成的淤积物，了解其对码头承载力所产生的影响，准确分析数据，从而保证码头安全运行。此外，还要对码头等水下构建物进行定期（或不定期）检测，常用方法主要有侧扫声呐系统扫测、多波束测深系统探测（调整探头角度为斜向）、三维声呐探测、水下激光扫描以及水下机器人观察等，实际工作中可以根据具体情况综合使用多种方法，获取准确的数据，从而满足工程管理的需要，确保码头运行安全。

2.航道整治工程测量

不同航道有不同的等级之分，因此有不同的设计水深要求。为了确保进出船只的通航安全，除了个别天然深水航道外，大多数航道都需要进行整治，尤其是河道入海口的航道。航道整治工程测量经常会应用测量定位技术（包括确定定位模式），如导堤放样定位或半圆筒导堤的抛射定位，需要运用动态分差等技术。有的航道整治必须进行多波束全覆盖水深测量、浅地层剖面测量、侧扫声呐扫海测量和工程地质钻探勘查。有的航道整治工程测量还需要进行海流测验，以确保施工安全。应用上述海洋测绘技术还可以确定设计水深以下的底质类型分布，对泥沙质的底质区域实施航道工程疏浚，针对岩礁区炸礁制定合理的方案。

3.码头等水下构建物的检测

为了保证码头运行安全，工程管理上要求对水下构建物进行检测，目前常用的方法包括侧扫声呐扫测、多波束测深系统探测（调整探头角度为斜向）、三维声呐探测、水下激光扫描及水下机器人观察等，可综合运用多种方法。

4.海底管线路由调查

海底管线路由调查包括施工前调查及施工后检测，管线路由也包括光缆、电缆、光电缆、输油管线、输水管线等，一般需要开展水下地形测量、浅地层剖面测量、海底面状况侧扫、水文测验、海水腐蚀分析、表层底质采样和工程地质钻孔等项目，同时开展海洋环境、海洋相关利益者、海洋功能区划符合性及地震危险性等调查。

5.滩涂演变分析

海岸滩涂一般指的是潮间带以及邻近的水下浅滩，通常是指 5 米等深线以上至海堤部分。近几年的工作实践让人们更深切地体会到海岸滩涂既是宝贵的自然资源，又是潜在的土地资源。在进行海洋地质稳定性评价时，滩涂演变分析是重要的依据，而海港回淤测量是获取分析数据的重要手段，具体包括海流泥沙测验进行场区冲淤计算（建立海区的海流泥沙数值模型，进行评价和预测），周期性水下地形测量（获得冲刷或淤积速率，并进行地质稳定性评价）等。

6.海底声学特性探测

海洋工程建设过程中大量应用海底底质探测成果，以全面了解海底底质状况。对于海底沉积物的属性识别和结构探测，常用方法是海底声学探测。其原理是向海底发射利用声学换能器产生的连续、高效声波，通过观测、记录，分析海底观测对象对声波的不同反应。利用海底声反射和声散射等手段研究海底声学特性。海底声学特性探测在海洋渔业、海底通信、海洋地质、水下工程地质、海底石油矿产资源等领域具有重要意义。

7.水下机器人和水面无人艇

近年来，水下机器人和水面无人艇等新技术在海洋领域的应用越来越广泛。随着科技的进步，水下机器人已经用于应急水下监测、海底观光旅游、码头等构建物观察等；水下爬行机器人则用于海底油气管线的检测和维修；水下清洗机器人与智能定位技术、空化射流技术有机结合，较好地解决了吸附、定位、清理困难等问题；深海作业区域，自治式潜水器（AUV）搭载多波束声呐实施深海地形测量，是当今海洋科考的首选，适于深海水下大面积探测和数据获取，可以获取分辨率更高的多波束数据。随着技术的进步，我国积极参与建设的水面无人艇已经实现了环境感知——目标识别——数据融合——航线规划的跨越式发展，应用范围更加广泛。水面无人艇能在相对极端的海洋环境中作业，在海洋测绘、海洋调查、海洋环境监管、海上军事活动等方面发挥着重要作用。

8.电子海图

航海的要求是船舶安全、迅速地到达目的地，现代航海需要利用先进的导航设备，同时还需要了解国际水运相关法规、世界各国海上交通管理制度，因此它具有多学科融合、综合性强的特点。在测绘地理信息技术不断发展的今天，电子海图的发展也很快。从纸海图初级电子复制品到过渡性电子海图系统，再到今天的电子海图显示与信息系统,电子海图已发展成为新型的船舶导航系统和辅助决策系统,它既能连续提供出船位,还能综合提供与航海有关的各种信息,提醒人们有效防范各种险情。

在实现智能航海的过程中,船舶定位方法、航海资料集成、物标识别手段、航行记录方式、航行值班要求的进步等具有划时代的意义,而这些都离不开电子海图。这是因为电子海图具有信息内容更为丰富、信息显示更符合实际需求、更便于船舶导航使用、海图改正更为便捷、发行成本更低、发行更快的明显优势。目前,电子海图已可借助互联网获取云数据中心提供的最新海图、实时潮位、气象情况、航行警告、各类通告等大量信息,有效助力船舶智能导航。

二、海域使用管理信息化

海域使用管理信息化,可在综合管理、动态监测、分析评价等方面实现全方位的信息化、网络化。一方面,有利于及时掌握我国海域海岛资源信息和时空动态变化情况,为制定海洋发展规划、海域资源利用规划等宏观决策提供可靠依据;另一方面,能够为海域海岛资源的持续开发提供参考依据,促进海域海岛资源的保护和开发利用,以最大限度地实现其价值。

(一)海域使用管理信息系统

随着海洋开发利用强度的日益加大,海域管理工作日渐复杂,提供及时、高效的海洋经济、资源环境评价和管理决策支持,有利于满足人们及时掌握海域管理基础动态信息的需求。海域使用管理信息系统是以 GIS 技术、Web 技术、数据库技术、工作流技术为基础,建立一个集海洋功能区划空间数据、海岸线矢量地形数据、海洋遥感影像数据、海域管理专题数据和海岸带数字高程模型数据于一体的管理信息系统。搭建海域使用管理业务办公平台,可以实现以下功能：

①实时准确获取海域使用信息并保持数据的现势性，为管理决策提供依据。

②实现对海洋功能区划和海岸线历年变化情况的监测、对比、分析。

③实现对海域使用信息、海洋功能区划和岸线信息的多方式专题管理。

④实现海域管理办公业务的流程化、自动化。

⑤实现面向社会公众的网络电子海图及远程办公。

⑥为实时管理海洋功能区划专题信息和岸线空间信息提供先进、直观、科学的工具和参考，为海域管理决策提供支持。

（二）系统数据库设计

系统数据库包括空间数据库、业务数据库和元数据库。

空间数据库主要包括海岸带基础地理数据、海洋功能区划图、海域使用现状图、海域管理工作图、正射影像图、数字高程模型等数据。主要处理手段是将系统需要管理的各类地图数据进行编辑，并构建拓扑关系，依据已经制成的空间数据模型，构筑空间数据库框架。

业务数据库包括海域使用涉及的各类文本、图形、表格信息等。系统通过数据库管理方式，建立项目电子文件档案，并实现信息存贮、查询、检索和输出等功能。业务数据库主要包括：海籍调查表；海域使用申请表；海域使用审批呈报表；海域使用权批准通知书；海域使用权登记表；海域使用论证报告表；系统管理数据；反映主要海洋资源、海洋环境、社会经济状况和海域使用的照片、声音、录像等多媒体信息及法律法规等文档资料。

元数据是用于描述和管理数据的数据，元数据库应按照国家相关规定进行设计。

（三）海域使用管理模块

海域使用管理模块是将工作流技术与 GIS 技术结合起来，以海域使用管理业务为主线，实现图文一体的海域使用管理办公自动化。海域使用管理模块主要包括以下子模块：海域使用审批子模块、海域使用分析统计子模块、海域使用证书及批文管理与打印子模块、海域的专题地图制作子模块、决策支持子模块、多媒体管理子模块。其中，审批子模块依据海域使用申请、受理、审批、登记、发证的业务流程设计，是海域使用管理的业务核心。同时，申请和受理功能还能被网络模块调用，实现基于互联网的远程业务申办。

三、海域审批管理信息化

海域使用权就是海域使用权人依法使用海域并获得收益的权利。2002 年施行的《中华人民共和国海域使用管理法》以海域使用权制度为核心，确立了海域功能区划、海域有偿使用、海域使用论证等海域使用管理制度，其中明确规定，海域属于国家所有，国务院代表国家行使海域所有权。任何单位或者个人不得侵占、买卖或者以其他形式非法转让海域。单位和个人使用海域，必须依法取得海域使用权。2021 年施行的《中华人民共和国民法典》再次明确依法取得的海域使用权受法律保护。相关法律法规的出台，一方面强调了"规划用海、集约用海、生态用海、科技用海和依法用海"的原则，另一方面保障了海域使用权人依法使用海域并获得收益的权利。

单位和个人可以向县级以上人民政府海洋行政主管部门申请使用海域。县级以上人民政府海洋行政主管部门依据海洋功能区划，对海域使用申请进行审核，并依照《中华人民共和国海域使用管理法》和省、自治区、直辖市人民政府的规定，报有批准权的人民政府批准。海洋行政主管部门审核海域使用申请，应当征求同级有关部门的意见。

依据《中华人民共和国海域使用管理法》，下列项目用海，应当报国务院审批：填海 50 公顷以上的项目用海；围海 100 公顷以上的项目用海；不改变海域自然属性的用海 700 公顷以上的项目用海；国家重大建设项目用海；国务院规定的其他项目用海。上述规定以外的项目用海的审批权限，由国务院授权省、自治区、直辖市人民政府规定。

另外，国家可借助计算机技术，结合 3S 技术（地理信息系统 GIS、全球卫星定位系统 GPS、遥感技术 RS），建立完整实用的海域使用管理系统，主要包括海域使用管理的各种管理项目，以及海域使用管理工作的申请、审批、确权发证、变更登记及年度审查等环节。利用海域使用管理系统，可以分析各项海域的使用是否合理，并以此为依据确定海域的使用权，不仅可实现数据信息的更新维护、空间查询、统计分析、打印输出等一系列功能，还能把已经完成建设的海洋功能区划纳入本系统，实现各种数据信息的共享服务，实现建设海洋强国的目标。

第三节　水产品质量安全监管

一、我国水产养殖产地监管

（一）水产养殖与生态破坏

经过多年的发展，我国水产养殖的成绩喜人，可代价也同样令人触目惊心。2021 年，自然资源部开展了 24 个典型海洋生态系统健康状况监测，类型包括河口、海湾、滩涂湿地、珊瑚礁、红树林和海草床。在监测的典型海洋生态系统中，6 个呈健康状态，18 个呈亚健康状态。

国外研究学者曾指出，每养出 1 吨的海水鱼，就会向海水中排放 14.25 公斤的氮以及 2.57 公斤的磷。如果按照这一标准来计算，2019 年我国海水鱼类的养殖总产量为 160 万吨，相当于排放了 2.28 万吨的氮以及 4.11 万吨的磷，这足以引发几场大规模的区域性赤潮了。

水生生物（包括养殖水产品）是整个水生态环境的重要组成部分。水产养殖从养殖对象上分大致可以分为鱼、虾、蟹、贝、藻这几大类。从养殖方式上分则有两类：一是投饵型，二是不投饵型。其中，高密度、不合理的投饵型养殖方式会对环境产生比较大的影响。

（二）现代水产养殖业的新发展

1.养殖模式多样化、环保化

随着我国科技的发展和环保体系的日趋完善，越来越多新型的、生态型的养殖模式应运而生，如深海智能网箱养殖、全自动工厂化养殖、鱼稻综合养殖等环境友好型的养殖模式在全国各地得到广泛应用，水产养殖生产方式改革初见成效。

2.水产品质量管理进一步强化

全面的水产养殖规划以及相关政策法规的落地，将有效地规范水产品的生产和销售活动，大大提高食品安全监督管理的效率。

3.物联网与水产养殖的联系更加紧密

大数据时代，随着水产养殖的产业升级，数据化的管理模式也越来越多地进入水产养殖的各个环节，尤其是在高度工厂化的养殖企业，依托大数据的物联网系统将发挥越来越重要的作用。

（三）水产养殖的"三区"划定

2021 年，全国水产养殖的禁止养殖区、限制养殖区和养殖区"三区"划定已基本完成。

1.禁止养殖区

禁止在饮用水水源地一级保护区、自然保护区核心区和缓冲区、国家级水产种质资源保护区核心区等重点生态功能区开展水产养殖；禁止在港口、航道、行洪区、河道堤防安全保护区等公共设施安全区域开展水产养殖；禁止在有毒有害物质超过规定标准的水体开展水产养殖；法律法规规定的其他禁止从事水产养殖的区域。

2.限制养殖区

限制在饮用水水源二级保护区、自然保护区实验区和外围保护地带、风景名胜区等生态功能区开展水产养殖，在以上区域内进行水产养殖的应采取污染防治措施，污染物排放不得超过国家和地方规定的污染物排放标准；限制在重点湖泊水库等公共自然水域开展网箱围栏养殖；法律法规规定的其他限制养殖区。

在限制养殖区，重点发展以滤食性鱼类为主的生态养殖模式或建设养殖尾水治理设施，充分利用养殖废弃营养物质。

3.养殖区

指除禁止养殖区、限制养殖区以外的水域滩涂养殖区域。在养殖区，我国将对现有池塘的基础设施进行生态化改造，以生态养殖为主要模式，逐步实现水产养殖尾水达标排放；在一些特定区域，适度新建一些工程化养殖设施（如池塘内循环微流水养殖、集装箱养殖、工厂化养殖等）；对宜渔稻田进行稻渔综合种养开发；利用现有的鱼类繁育设施，完善水产苗种繁育生产布局。

依据各省级人民政府已颁布的"养殖水域滩涂规划"有关数据统计，全国共划定水产养殖的养殖区约 3.5 亿亩、限制养殖区约 6.2 亿亩、禁止养殖区约 7.8 亿亩。相关部门应认真实施养殖水域滩涂规划，严格水域、滩涂的养殖使用用途管制，加强禁止和限制养殖区管理，会同有关部门严厉查处全民所有水域无证养殖、未批准用海和尾水超标排放等违法行为。同时，要在划定养殖区的基础上，加快建立重要养殖水域保护制度，依法划定养殖水域保护红线，进一步保障国内水产品有效、安全、多样供给。

二、水产养殖用投入品监管

水产养殖用投入品监管旨在加强水产养殖用兽药、饲料和饲料添加剂等投入品管理，依法打击生产、进口、经营和使用假、劣水产养殖用兽药、饲料和饲料添加剂等违法行为，保障养殖水产品的质量安全。

（一）兽药、饲料和饲料添加剂的概念

《兽药管理条例》中的"兽药"是指用于预防、治疗、诊断动物疾病或者有目的地调节动物生理机能的物质（含药物饲料添加剂），主要包括：血清制品、疫苗、诊断制品、微生态制品、中药材、中成药、化学药品、抗生素、生化药品、放射性药品及外用杀虫剂、消毒剂等。

水产养殖中的兽药使用、兽药残留检测和监督管理，以及水产养殖过程中违法用药的行政处罚，由县级以上人民政府渔业主管部门及其所属的渔政监督管理机构负责。

《饲料和饲料添加剂管理条例》中的"饲料"是指经工业化加工、制作的供动物食用的产品，包括单一饲料、添加剂预混合饲料、浓缩饲料、配合饲料和精料补充料。该条例中的"饲料添加剂"是指在饲料加工、制作、使用过程中添加的少量或者微量物质，包括营养性饲料添加剂和一般饲料添加剂。

饲料原料目录和饲料添加剂品种目录由国务院农业行政主管部门制定并公布。

（二）强化水产养殖投入品管理

水产养殖用投入品，应当按照兽药、饲料和饲料添加剂管理的，无论是否冠以"××剂"的名称，均应依法取得相应生产许可证和产品批准文号，方可生产、经营和使用。水产养殖用兽药的研制、生产、进口、经营、发布广告和使用等行为，应严格依照《兽药管理条例》进行监督管理。未经审查批准，不得生产、进口、经营水产养殖用兽药和发布水产养殖用兽药广告。市售所谓"水质改良剂""底质改良剂""微生态制剂"等产品中，用于预防、治疗、诊断水产养殖动物疾病或者有目的地调节水产养殖动物生理机能的，应按照兽药监督管理。

禁止生产、进口、经营和使用假、劣水产养殖用兽药，禁止使用禁用药品及其他化合物、停用兽药、人用药和原料药。水产养殖用饲料和饲料添加剂的审定、登记、生产、经营和使用等行为，应严格按照《饲料和饲料添加剂管理条例》进行监督管理。《农药管理条例》规定，剧毒、高毒农药不得用于防治卫生害虫，不得用于水生植物的病虫害防治。严禁在饮用水水源保护区内使用农药，严禁使用农药毒鱼、虾、鸟、兽等。

（三）整治相关违法行为

县级以上地方农业农村（畜牧兽医、渔业）主管部门可设立有奖举报电话，加大对生产、进口、经营和使用假、劣水产养殖用兽药，未取得许可证明文件的水产养殖用饲料、饲料添加剂，以及使用禁用药品及其他化合物、停用兽药、人用药、原料药和农药等违法行为的打击力度，重点查处故意以所谓"非药品""动保产品""水质改良剂""底质改良剂""微生态制剂"等名义生产、经营和使用假兽药，逃避兽药监管的违法行为。

县级以上地方农业农村（畜牧兽医、渔业）主管部门以及农业综合执法机构、渔政执法机构要依法、依职能，对生产、进口、经营和使用假、劣水产养殖用兽药，以及未取得许可证明文件的水产养殖用饲料、饲料添加剂，使用禁用药品及其他化合物、停用兽药、人用药、原料药和农药等违法行为实施行政处罚，涉嫌违法犯罪的，依法移送司法机关处理。各地要强化对专项整治工作的监督和考核。

（四）水产养殖用投入品使用白名单制度

水产养殖用投入品使用白名单制度是指将国务院农业农村主管部门批准的水产养殖用兽药、饲料和饲料添加剂，以及其制定的饲料原料目录和饲料添加剂品种目录所列物质纳入水产养殖用投入品白名单，实施动态管理。水产养殖生产过程中除合法使用水产养殖用兽药、饲料和饲料添加剂等白名单投入品外，不得非法使用其他投入品，否则依法予以查处或警示。对发现养殖者使用白名单以外投入品养殖食用水产养殖动物的，由地方各级农业农村（渔业）主管部门以及农业综合执法机构、渔政执法机构依法、依职能进行查处，涉嫌犯罪的移交司法机关追究刑事责任；同时各级地方农业农村（渔业）主管部门公开发布其养殖产品可能存在质量安全风险隐患的警示信息。

三、水产养殖动物疫病防控

水产养殖动物疾病是指水产养殖动物受各种生物和非生物性因素的作用，而导致正常生命活动紊乱甚至死亡的异常生命活动过程。水产养殖动物疫病也指水产养殖动物传染病，包括寄生虫病。

（一）疾病预防

1.养殖场区建设要求

养殖场区环境卫生良好，通风良好，环境温度和湿度适宜，无污染源。水源不受周边水产养殖场、水产品市场、水产品加工场所、水生动物隔离场所、无害化处理场所等影响，具备良好的水源条件。在各自独立的功能区建设排水通道（开放养殖水体除外），避免交叉感染。

2.消毒管理

建立消毒制度，科学规范地开展消毒工作，对进排水、养殖场所（包括池塘）、运输工具、工器具、设施设备等进行消毒。具体方法参考世界动物卫生组织发布的《水生动物卫生法典》。

3.工器具管理

设有工器具存放处，已消毒工器具和未消毒工器具应分开摆放，并专区/池/桶专用。

4.养殖用水管理

定期检测养殖水体的水质指标，如水温、pH 值、溶氧、氨氮、亚硝酸盐等。养殖尾水排放应符合有关要求，达标排放。

5.苗种引（购）入管理

水产养殖动物苗种（包括亲本、稚体、幼体、受精卵、发眼卵及其他遗传育种材料）引（购）入前，应查验检疫合格证明，运输至养殖场后直接进入隔离区。依据《中华人民共和国进出境动植物检疫法》，输入动物、动物产品、植物种子、种苗及其他繁殖材料的，必须事先提出申请，办理检疫审批手续。

对引（购）入水产养殖动物的稚体、幼体、受精卵、发眼卵及其他遗传育种材料，在单独饲养期间，进行至少两次规定疫病的检测，经检测确认无规定疫病病原后，方可移入场内其他区域。

隔离池实行"全进全出"的饲养模式，不得同时隔离两批（含）以上的水生动物。不同隔离批次之间，应对隔离池进行消毒处理。

6.苗种繁育管理

核心繁育区应设立亲本培育池、配种产卵池/桶、孵化池/桶、育苗池等，工器具专池/桶专用，对各池/桶水体有避免交叉感染措施。不同批次孵化幼体

167

不得混合培育，不同批次培育的苗种不得混合养殖。

7.养殖动物管理

放养健康苗种，控制适宜的放养密度，使用优质配合饲料，保持水质稳定，按照相关规定使用疫苗。一旦发病，则停止投喂，加开增氧机，不大量换水，不滥用消毒剂和驱虫杀虫等药物，并及时诊断。

8.饲料和饲料添加剂管理

饲料和饲料添加剂的使用、保管应专人负责。饲料和饲料添加剂选购和使用应符合《饲料和饲料添加剂管理条例》等的要求。使用生物饵料，应消毒或清洗，并对每批次进行相关重要疫病病原检测。有阳性病原检出的批次应全部淘汰并进行无害化处理；经病原检疫合格的生物饵料，应进行分装，冷藏或冷冻保存于专用设施中。饲料存放处应保持清洁、干燥、阴凉、通风，防鼠、防虫、防高温。

9.兽药管理

水产养殖用兽药使用和保管应专人负责，兽药选购和使用应符合《兽药管理条例》等的要求。药品存放处应保持清洁、干燥、阴凉、通风。

10.媒介生物管理

有对媒介生物，如野外水生动物、工作动物（如犬等）、鸟类和昆虫等传播病原风险的预防设施。有阻止野外水生动物通过水系统进入场区的设施。工作动物在限定范围内活动和喂养。必要时在户外蓄水池、养殖池或尾水处理池设置阻鸟的设施。设置阻止老鼠、昆虫及其他有害动物进入场区的设施。

11.疾病监测

养殖场应定期开展水产养殖动物疾病监测和检测。有条件的应主动纳入国家级或省级水生动物疫病监测计划，或纳入全国水产养殖动植物疾病测报的范畴。

（二）疾病诊治

经临床诊断、流行病学调查或实验室检测确诊后，采取相应措施对患病动物进行治疗。

对于需使用抗菌药、抗病毒药、驱虫和杀虫剂、消毒剂等进行治疗，且为处方药的，需由执业兽医开具处方并符合《兽药管理条例》等要求。严格执行用药时间、剂量、疗程、休药期等规定，建立用药记录。

（三）人员和档案管理

建立人员管理制度，明确管理人员和技术人员等工作人员岗位职责要求。养殖技术人员定期接受培训。

建立水产养殖管理档案，将水产养殖动物的引（购）入、隔离检疫、繁育，消毒，药品和饲料使用，疾病监测，无害化处理以及苗种销售等重要生产环节详细记录在案，归档保存两年以上。

（四）应急处置

制定应急预案，建立应急处置制度，对疫情及异常情况要实施快速报告和响应措施。出现水生动物疫病病原检测阳性，感染或疑似感染传染性病原并出现大量死亡，以及不明原因出现大量死亡时，应按照《中华人民共和国动物防疫法》、《水产养殖动植物疾病测报规范》（SC/T 7020—2016）等要求，逐级上报，启动应急预案，采取隔离等控制措施，防止疫情扩散。同时，对上述养殖水生动物（尸体）、养殖场所以及养殖水体等按照《染疫水生动物无害化处理规程》（SC/T 7015—2011）进行无害化处理。

第六章 海洋渔政执法信息化

随着我国渔业经济的高速发展,传统的渔政执法管理方式已经跟不上现代渔业发展的步伐。在信息化技术飞速发展的今天,传统渔政执法过程的信息化水平不足,我国需要推进海洋渔政执法信息化建设,推动海洋渔政执法向信息化方向发展。

第一节 海洋渔政执法信息化
建设与管理

"十四五"期间,我国渔业将以高质量发展为主题,持续推进渔业治理体系建设和治理能力现代化建设,提高发展质量,继续提升渔港、渔船装备管理信息化水平。

一、海洋渔政执法信息化建设

(一)海洋渔政执法信息化建设的现状

随着人类进入信息化时代,大数据、人工智能等技术得到广泛应用,信息化改变了人们的工作、生活方式,并在社会信息化、政务信息化及信息安全建设领域产生了深刻影响。当前，我国渔政执法机构正在积极转变执法方式，海洋渔政执法信息化建设初见成效。

1.渔船管控能力有所提高

在全国范围内建立了渔船管控信息系统，建设渔政安全信息系统，小型渔船与中、大型渔船普遍配备基于 CDMA、AIS、北斗卫星的终端设备，初步实现了渔船的远程定位、轨迹管理和应急通信。

2.建立渔船身份电子识别系统

为解决"三无""套号"渔船等问题，我国可以射频识别为主要手段，在重要的渔港以及渔政执法船安装射频识别基站，对渔船进行身份识别和进出港智能监管，以此来规范渔业生产秩序，保障渔民的合法权益。

3.建立渔港视频监控系统

将渔港视频监控系统纳入渔港信息化建设，有助于解决渔港管理方式简单、手段单一等问题，也有助于改革渔港建设体制和经营体制。

4.加快更新渔政执法装备

将远程指挥作为主要方向，为海洋紧急救援提供有力保障，更新渔船配备设施。同时，渔政执法船舶要配备新型的对讲机和电台，大型的渔政执法船舶要配备卫星电话，实现渔政执法船舶的联动执法。

5.引进视频传输与取证系统

渔政执法船舶更新电台等设备的同时也要逐步引进了视频取证与传输等设备，利用激光透雾一体摄像机和热成像夜视仪等新型的取证装备，当场取证，并及时通过微波传输技术将证据传输到执法视频系统中，实现海上渔政执法视频现场采集和远程传输的有效衔接，完善执法电子取证系统。

（二）海洋渔政执法信息化建设的问题

1.各区域信息化发展水平不平衡

当前，各区域经济发展水平不平衡，各地的渔政执法信息化建设水平也参差不齐，经济落后地区的渔政执法信息化建设相对落后，存在很多问题。在部分经济落后地区的渔港还存在监控缺失的现象，无法对各地区渔港的监控系统进行统一管理，导致全国的渔港视频监控系统不健全。另外，在对渔船的监管方面存在不足，执法渔船专业性能较差，配备的专业设备有限，并且对违法渔船的跟踪能力较弱，位置监测信息不够准确，也无法对渔船进行有效的身份识别，因而不能及时对违法违规的渔船进行管控。加之视频采集的专用性不强，无法对所管理的渔船与海域进行有效的信息化管理。

目前，海上视频传输有卫星和微波两种方式，而卫星传输设备价格昂贵，省级以下的执法船舶鲜少配备，其余的超短波、微波基站的传输距离十分有限，只能够覆盖近海岸，无法满足执法需求。另外，信息整合不足，没有建立统一的系统平台，许多地区还在使用手工执法的方式，无法加入系统平台，并且已经建立的系统信息资源也没有得到充分利用，传输通道不畅，造成了"信息孤岛"现象。

2.没有形成有效的数据信息链

在海洋渔政执法信息化建设中，信息处理仍存在问题，比如分析手段不足、信息利用程度有限等。在我国目前已建立的各级数据信息系统中，信息间的关联度不够，没有形成有效的数据信息链，难以进行深层次的数据综合分析，导致渔船管理信息系统中的定位信息、渔船进出渔港的视频信息与渔船登记信息、渔港登记的渔船进出信息不符，再加上一些管理人员信息化意识不足，在渔政执法中没有充分利用以大数据为代表的新一代信息技术。近年来，海洋渔政执法信息化建设虽然取得了一些进展，但缺少统一的建设规划，资源整合程度有限，相关制度还不完善，各地系统的标准和规范也不相同，有各自为政的现象。

3.渔政执法的智能化程度有待提高

目前，我国海洋渔政执法并没有完全脱离人工服务的模式，大大地降低了渔政执法的效率。随着信息化技术的飞速发展，人工智能技术应运而生，在许多领域发挥着重要作用，比如在银行系统中，部分业务可通过人工智能技术完成，这就将一部分劳动力解放出来；再如，人工智能技术也被广泛应用于农业系统，大大提高了生产效率，降低了生产成本。海洋渔政执法信息化建设本就与智能化相关，但在实际的渔政执法过程中，部分地区还没有引入人工智能技术，电子政务系统还不够完善，渔政执法的智能化程度还有待提高。

（三）海洋渔政执法信息化建设的注意事项

1.建设渔业大数据平台

（1）搭建全国性的渔业综合管理平台

针对渔业执法信息整合不足，没有建立统一的系统平台，信息无法有效共享等问题，渔政执法部门应积极建设渔业大数据平台，整合各地区的数据资源，搭建全国性的渔业综合管理平台，加快各级渔业政务信息平台的建设，使之适应现代海洋渔政执法信息化建设的需要。

（2）搭建渔船渔港监控数据平台

提高各地渔政执法信息化建设水平，加强基础设施建设，实现对渔港的动态监控和智能监控；构建国家与地方各渔港间的数据交换共享机制，建立全国性的渔船渔港监控数据平台。优化渔船位置采集系统和渔船通导装备，提高执法渔船的现代化水平，使之能对违法违规的渔船进行有效监控，对所管辖的海域进行信息化管理。

（3）完善现有的渔业信息系统

优化海上视频传输系统，在沿海岛屿设置 CDMA 终端，提高执法渔船的定位、导航能力，拓展渔业信息系统的覆盖范围。可在各级渔政执法机构设置卫星传输终端，采用运营费分级补贴等办法，完善各级数据传输渠道。充分利用现代渔业信息技术手段，加强渔业信息大数据平台建设，升级渔政渔业信息系统，完善渔情监测系统，整合各类渔船信息，建立完整统一的渔业船舶数据库，实现对全国渔业船舶的信息化管理；建立全国渔政执法机构和人员的信息数据库，实现对渔政执法主体的信息化管理；建立各地的执法渔船等执法装备数据库，实现对执法装备的信息化管理。构建渔政执法电子政务体系，进行全方位的渔政执法信息化建设。

2.完善区块链数据分类处理

在海洋渔政执法信息化建设中，针对信息处理分析手段不足、信息利用程度有限等问题，可在建立大数据平台的基础上，对区块链数据进行分类处理，对有效的数据信息进行整合和分类，以实现深层次的数据分析。

（1）加快渔业信息资源共享建设

加快渔业信息资源共享建设，实现渔业信息资源共享与业务协同，全面梳理渔业信息化资源在渔业管理、生产、流通领域的标准和需求，鼓励有条件的地区和职能部门加大投入，努力实现各部门间的有效配合。

（2）建立渔政执法综合系统

建立渔政执法综合系统，将全国渔政执法信息数据整合到一个系统中，之后再进行统一的区块链数据分类处理，分列成渔港、船舶、资源等独立的数据资源系统。及时进行区块链数据的分类处理，避免在多个不同的系统间来回切换，有效地提高信息资源的利用率。

（3）建立渔船管理监控系统

利用卫星等技术加强对渔港和渔船的管理，掌握船舶进出渔港的信息。首先，要加强对渔政执法船舶的日常检查与动态监控，加强对执法船舶的管控，以便及时对其进行指挥与调度。其次，建立往来渔船数据库，对往来的渔船进行数据统计和分析，提升对渔船管理和渔港管理的水平。

3.创新智慧渔政执法模式

在海洋渔政执法信息化建设中，要以实现数字化、网络化、智能化为目标，创新智慧渔政执法模式，整合各类执法信息，以数据开放、共享和应用为抓手，推动以电子政务系统为代表的渔政执法信息化建设。

第一，综合利用视频监控、电子地图等监控平台控制管理水域，通过"电子眼"等技术手段来代替人力巡检,预先设置水质数据的预警数据,一旦该水质数据达到预警值,可及时通过后台网络发出预警。

第二,为大数据环境下的渔业信息系统提供安全保障,按照国家涉密保护等级,加强对渔业信息资源的分类、分级管理,将渔业信息安全技术应用到安全管理中。通过遥感卫星等测绘技术对渔船渔港进行全方位的动态监管,建立遥感数据库,对人、财、物等进行透明化管理,有效地评估资源并对其进行监管。引入人工智能技术,将一部分人力从渔政执法中解放出来,提高渔政执法的效率。例如,在处理现场案件时,执法人员可借助执法信息数据库当场作出处置,并且可以通过互联网及时地将现场的视频、图像传回指挥中心,便于快速远程调度指挥。

第三,加强电子政务系统建设,推行渔政执法信息公开制度,实行政务公开,提升人民群众的参与度,实现信息惠民。

(四)海洋渔政执法信息化建设方案

1.业务需求

(1)疑似偷捕行为监管

海域内监管区域存在大量监控盲区,现有监控仅提供实时回传功能,需利用智能分析技术,增加主动预警的监测手段,捕捉异常事件。同时对通过该海域的船舶流量进行统计分析,并以信息化的方式呈现,为日常管理提供有效支撑。

休渔期捕鱼电鱼行为监管:利用热成像摄像机捕捉移动的船舶,再利用 AI 技术分析画面中是否存在渔网、电鱼工具等捕捞用设施设备,进而判断是否存在捕鱼电鱼行为。这有助于减少人工工作量。

(2)非法捕捞黑名单人员管控

对重点海洋生态保护区及水生生物保护区实行全域禁捕,对进出该海域人员的违法捕捞行为进行管控,对高频率违法犯罪人员进行捕捉。

（3）可见光视频监控

在重点区域沿岸部署高清视频监控设备，进行 24 小时视频监控，可远程查看是否存在异常行为。

（4）热成像联动，主动预警

对于未配备 AIS 配套设备的船只，特别是对于 12 米以下小型船只，需要监管其异常行为，一旦闯入禁渔区或在未经允许的情况下随意进出渔港，应及时发现，并加以制止、教育或处罚。

（5）重点海域全景监控

通过已有固定监控点位和移动监测手段，对重点海域的船舶进行实时不间断记录和突击检查记录，获取过往船舶的图片和视频，并进行存储，便于用户查看、回溯违法行为信息。

（6）执法过程的监管记录

建设渔政智慧执法监控项目系统是规范渔政水上执法行为的重要手段，可有效规范渔政执法队伍的执法行为，做到文明执法，依法办案。

①任务下派。平台及时向渔政执法人员推送报警消息，要求其前往处理，渔政执法人员可用手机拍照，上传现场照片，并用执法记录仪记录整个处理过程。

②执法过程记录。通过渔政执法船船载监控系统及执法人员个人佩戴的便携式单兵设备，对整个执法、救援过程进行全程记录，保留执法依据，规范执法过程。

2.建设需求

（1）前端增点及视频管理需求

根据沿海地形和渔政执法监控需要，增加足够数量的前端监控点位，以尽早发现和处置突发情况，也可通过回调录像资料取证等功能实现重点视频监控。在建设初期主要建设高点广域监控点位，以实现海域重点区域视频监控快速覆盖。

（2）存储需求

视频数据信息采用前端存储＋后端磁盘阵列这种前后端结合的存储方式，将所有监测点的视频数据进行长期保存，前端保证 90 天内不丢失，后端保证 30 天内不丢失，便于记录日常管理信息和突发事件信息且设备具有历史信息检索功能。

（3）指挥中心 LED 大屏建设需求

渔政执法监控指挥中心是智慧渔政管理的中枢，是指挥协调的核心，以渔政业务管理需求为导向，在地市范围内建设一个市级和多个区县级渔政执法监控指挥中心 LED 大屏，从而实现统一管理，统一调度，提升渔政执法应急指挥能力。

（4）云广播喊话需求

在前端点位布置云广播音柱，发现捕鱼、捞鱼、多杆钓鱼等违规违法行为可以及时制止，同时云广播可作为宣传禁捕相关政策及其他政策的工具，也可用于宣传生态环境保护等知识。

3.总体建设方案

（1）总体目标

①建成渔政智慧执法综合监管平台系统，构建全天时、全天候、重点覆盖渔政智慧执法监控网，实现有效监测。

②搭建渔政智慧执法综合监管平台系统，对可疑目标和行为实现智能识别。

③建设渔政智慧执法监控指挥中心，通过大屏系统显示实时监控视频；根据监控显示情况对渔政执法进行指挥、管理和调度。

（2）建设综合监管平台系统

通过实施重点海域增设视频点位建设项目，构建渔政智慧执法综合监管平台系统，为重点海域的管理业务提供支持，提升对重点海域进行长期保护和动态管控的能力。全面提升重点海域视频监控实时覆盖率和完好率，重点海域要建成标准统一、运行规范的市、县二级联网的重点海域视频监控体系，实现"全场景监管、全智能监管、全流程监管"的三全目标。

全场景监管：重点海域、堤岸等场景全面覆盖。

全智能监管：船、人等对象异常识别。

全流程监管：执法过程全流程监管，利用三全思路在横、纵向上打通监管流程。建设渔政执法大队、水上公安、联合执法部门的横向监管机制；纵向上形成渔政执法大队—指挥中心—水上公安联合执法机制。

（3）逻辑架构

智慧渔政综合监管平台包含了 CPU 计算服务器资源、图形服务器、云存储资源、智能分析能力和安全防护系统，部署在地级市政务云，并利用运营商专线接入前端各监控点位，满足市县两级渔政执法监控管理的需求。

①物联感知层。前端感知智能化、多维化、全面提升智能视频前端覆盖率，实现视频及物联网感知多维数据采集。统筹布置视频监控摄像机、水基雷达、无人机、水质监测等前端感知采集设备，构建全方位智慧型感知体系。

②网络传输层。主要依托运营商通信网络，以租赁专线的方式构建渔政执法综合视频服务专网。

③云平台基础设施层。云平台基础设施层主要基于地市级政务云，根据前端点位存储需求、平台算力需求等租用政务云 CPU 计算资源和云存储资源，图形服务器资源由建设单位根据需求在政务云机房建设安装。

④云平台能力层。云平台能力层主要基于政务云部署基础应用平台系统、智慧渔政综合监管平台系统、智能分析平台系统，实现对网笼捕鱼预警，船只非法捕捞预警，船只非法入侵预警，非法垂钓监控预警，电鱼、毒鱼、炸鱼预警，水域网格化管理，人员定位显示，车辆定位显示，船只定位显示，人员（车辆）识别等多种智能算法的统一管理及调度，力求兼容多种硬件平台，有效解决算法多、设备杂、能力单一、算法与硬件耦合度高、算法升级维护困难等问题，为上层应用提供各类智能服务。

⑤应用展示层。应用展示层包括监控大屏（驾驶舱）、电脑后台 Web 端、移动 App、微信小程序等。

⑥标准规范体系。在系统建设流程管理、质量管理、人员管理和风险控制等方面，需要制定符合项目实际情况的标准规范体系。关键的应用和数据，要符合相关部门出台的统一开发标准、编码标准、联网标准和接口标准等。

⑦安全保障体系。建立网络体系、网络监控体系，采取网络隔离、数据备份等措施，保证系统的安全性和可靠性。

⑧运营维护管理体系。建设综合监控运营维护系统及运营维护体系：一是建设综合监控运营维护系统，实现视频及 IT 基础设备资源的综合监控与管理，实现信息展示及异常报警；二是建设系统运营维护体系，包括建设运营维护队伍、制定工作机制、考核办法，形成科学的运营维护模式，等等。

二、海洋渔政执法信息化管理

（一）执法装备

2020 年，农业农村部印发《渔政执法装备配备指导标准》，要求高度重视渔政执法装备建设，因地制宜统筹配备不同层级执法装备，多元化途径保障执法装备建设及维护经费，加强渔政执法装备规范管理，并公布详细的《渔政执法装备配备指导标准》。

《渔政执法装备配备指导标准》包含沿海独立设置的渔政监督管理机构装备配备指导标准、沿海集中行使渔政执法职能的农业综合行政执法机构渔政执法装备配备指导标准、内陆独立设置的渔政监督管理机构装备配备指导标准、内陆集中行使渔政执法职能的农业综合行政执法机构渔政执法装备配备指导标准等四个部分。

本书主要介绍沿海独立设置的渔政监督管理机构装备配备指导标准。沿海独立设置的渔政监督管理机构包括独立设置的渔政监督管理机构，以及渔业与海洋、自然资源、交通运输、水利等行业综合设置的渔政监督管理机构。

1.基础装备类

包括渔政执法船艇，执法专用车辆（含车载设备），渔政执勤码头，扣船所，执法无人机，制式无线电监测站，手持式或便携式无线电监测设备，水产品快速检验车（含车载装备），定位导航仪，车载冷藏箱，台式计算机，打印机，传真机，装订机，复印机，投影仪，扫描仪，笔记本电脑，便携式打印机，便携式复印机，便携式快速扫描仪，对讲机，移动执法终端（手机、PAD 等），条码（二维码）识别仪器（电子监管码识别终端），冰箱（冰柜），执法箱（含检疫执法工作箱），执法包，渔政专用超短波电台（船载），远程定向扩音系统，强光手电等。

2.取证设备类

包括望远镜，抽样工具包（手电筒、剪刀、镊子、放大镜、抽样袋等），便携式冷藏箱，无菌采样袋、采样袋、采样瓶，一次性医用橡胶手套，一次性工作服等，暗访取证设备，数码照相机，数码摄像机，红外摄像机，高清视频取证设备（带夜视功能），录音笔，移动式监控摄像头，手持式定位仪，AIS检定仪（含信号分析、设备分析、历史轨迹回放等功能），全天候超远距热感应光电调查取证系统，小目标雷达，现场执法记录仪，红外线测距仪，红外线测温仪，农（兽）药残留快速检测仪，现场快速检测盒、检测卡、试剂、试纸类等。

3.应急专用类

包括便携式卫星电话，移动存储器，无线上网卡，车载电源转换器，手持扩音器，个人防护设备（含救生用品、有毒有害物质防护服、专业防护用品等），应急保障装备（包括移动电源、便携式车用充气泵、应急帐篷、冷暖风机、防水接线板、电灯、汽油桶、净水装置、便携炊具、电热水壶、警示标志等）。

（二）渔政船管理

1.登记

所有渔政船必须向中华人民共和国渔政渔港监督管理局申请注册登记，经核准后，方可执行渔业行政执法任务。海区渔政渔港监督管理局和各级渔业行政主管部门根据相关编号规则，对所属渔政船编写船名号，并填写《中华人民共和国渔政船注册登记申请表》，向中华人民共和国渔政渔港监督管理局申请注册登记。

中华人民共和国渔政渔港监督管理局对所有核准注册登记的渔政船，采用合适的方式向社会公布。中华人民共和国渔政渔港监督管理局对服役的渔政船每三年重新注册一次。

2.统一标志

渔政船实行统一外观颜色和标志。渔政船船体外部水线以上部分为白色，船首两侧用黑色宋体汉字标写船名号。有条件的渔政船应在驾驶室外两侧上方用红色宋体汉字标写船名号，夜间应有灯光照明或设夜间显示灯箱。烟囱两侧或驾驶楼两侧应刷制中国渔政徽标。

3.统一编号

渔政船实行全国统一编号。经中华人民共和国渔政渔港监督管理局注册登记的海区渔政船的编号为"中国渔政×××"。编号中的第一位数字为海区渔政渔港监督管理局的代码，第二、三位数字为所属渔政船序号。

经中华人民共和国渔政渔港监督管理局注册登记的省级以下（含省级）渔业行政主管部门所属渔政船的编号为"中国渔政×××××"，编号中的第一、二位数字为省级渔业行政主管部门的代码，第三、四、五位数字为各级渔业行政主管部门所属渔政船的序号。省以下各级渔业行政主管部门所属渔政船的序号排列，由各省自行确定，报中华人民共和国渔政渔港监督管理局备案。

单独执行渔业行政执法任务的快艇，也按上述规则编号。渔政船备有快艇的，快艇名号为母船名号之后加"－×"，该位数代表快艇序号，由主管该渔政船的渔业行政主管部门编定。

渔政船的外观颜色、标志和"中国渔政"的名称，未经中华人民共和国渔政渔港监督管理局批准，不得擅自更改。

4.渔政船执法

凡执行渔业行政执法任务需使用船、艇时，必须使用渔政船。内陆地区或因特殊原因需借用、租用非渔政船执行渔业行政执法任务时，必须事先报经省级渔业行政主管部门批准。报告时应说明拟执行的任务、时间、范围以及拟借用、租用船舶的船名号等有关情况。执行任务时，借用、租用的非渔政船的船名号必须清晰可见，在不影响公务的前提下还应有明显的渔业行政执法标识。任务结束后应向批准部门报告执行情况。

任何单位和个人不得利用渔政船从事生产、营运等以营利为目的的经营活动。因渔业资源调查等活动或配合政府其他部门的公务活动需使用渔政船时，应报上一级渔业行政主管部门备案。

（三）执法人员信息管理系统

实现全域渔政执法人员人数、编制、借调、培训、执法证书的综合管理，建立系统权限分类管理。

①管理人员分类，人员基本信息、人员流动、人员档案等信息。

②管理人员培训相关数据，通过系统提出培训申请，生成培训计划，保存培训记录。

③进行人员统计分析，以多种图表的形式展示人员年龄分布和学历分布，对人员信息进行比较分析。

（四）智能渔政执法管理系统

智能渔政执法管理系统可通过智能热成像云台、热成像摄像机、无线喊话等物联网设备来监视追踪目标行为动态，掌控水域的实时状况；热成像摄像机等设备会对相关船舶进行全面自动监测，发现可疑情况即调动视频联动设备进行跟踪识别、取证，再结合陆上（包括沿岸薄弱点及码头要道等）监控视频，对可疑违法行为进行监测、预警，实现科学防控。

智能渔政执法管理系统可通过固定点位监控和移动监控手段监控重点区域，可对重点水域及重点水生物保护区内的船舶进行 24 小时不间断记录和突击检查记录。在夜间，可采用热成像摄像头获取过往船舶的图片和视频并进行存储，便于执法人员查看、回溯相关信息，及时调查取证，打击震慑犯罪行为。另外，智能渔政执法管理系统可接入智慧渔政平台，对大数据进行处理，实现对人员、车辆、船舶的综合管理，节约管理成本，提高政府工作效率。

智能渔政执法管理系统还可实现非法调查处罚、渔船休息管理、海洋监督执法和水产品质量管理业务流程电子化，具备移动终端现场证据收集上传、备案调查功能、法律法规查询、自由裁量权查询、文件制作等执法辅助功能。

①查处渔港渔船的非法行为。支持手机取证上传，可提供文件模板，实现立案查处流程信息化，也可接受群众举报。

②渔船伏休期管理。依托海洋渔政执法指挥体系，管理渔船伏休登记、渔船转港等活动。

③海上监督执法。实现案件备案、证据收集、现场纪录、查询记录等文件的电子化，具备法律法规查询调用、自由裁量检查调用、安全检查登记管理等日常执法登记管理功能。

④水产品质量执法。实现水产养殖企业双随机检验、抽样检验全过程的电子化。执法人员可通过移动终端进行检查或抽样检查并现场做出处罚，同时也支持抽样细节输入、备案调查、法律法规查询和自由裁量权查询。

（五）渔政执法文书智能化

传统渔政执法文书靠人工手写，每个案件案卷包含的文书较多，执法文书制作耗时长、工作量大、效率低、规范性差。

在海洋渔政执法信息化建设中，可开发渔政电子执法文书系统，该系统建立了渔业法律法规和电子执法文书模板数据库，设置了违规渔船纪录管理、违规渔船处罚程序和执法文书管理、违规渔船黑名单管理、统计查询等几大功能；实现了渔政执法办案实时网上办理，执法信息实时统计上传，统一了全省执法文书格式，严格规范了办案程序，进一步限定了自由裁量权；可以通过网络对整个执法过程进行实时监督。

在录入案件信息后，可快速、准确地生成整套渔政执法文书，避免了手工制作文书时重复填写同一案件的相同内容、要素等烦琐环节，具有操作简便、准确规范等特点；在室内、车、船上均可使用，极大地减少了执法人员的工作量，提高了执法人员的工作效率。

第二节　海洋渔政执法信息化
——以智慧港口建设为例

港口是综合交通运输枢纽，也是经济社会发展的战略资源和重要支撑。作为国际物流和供应链的重要节点，港口历来是信息化智能化建设的重要阵地。在大数据、5G、区块链、云计算等技术的带动下，港口建设愈发重视科技创新，智慧港口建设将是 5G 网络开通后，物联网和人工智能等前沿技术在工业应用上的重要场景。

一、海岸带及海域监控

（一）海岸带监控

海岸带是陆地与海洋的交接地带。沿海岸滩与平均海平面的交线称为海岸线。海岸带是海岸线向陆、海两侧扩展一定宽度的带形区域，其宽度的界限尚无统一标准，随海岸地貌形态和研究领域不同而异。全国海岸带和海涂资源综合调查确定：海岸带的宽度为离岸线向陆侧延伸 10 公里，向海到 15 米水深线。海岸带开发利用的一个重要方面是建造港口，发展海运事业。

海岸带是地球系统中最有生机的部分之一，是陆地、海洋和大气之间各种过程相互作用最活跃的界面，是中华民族持续发展的重要生存空间。一方面海岸带是我国利用程度最高的国土，是人口最密集、经济最发达的地区，同时这里集中分布了最好的渔场，也是海上交通的重要组成部分；另一方面，海岸带是陆地和大洋之间的过渡地带，其环境和生态系统受来自陆地和海洋（包括大气）的双重影响，因此它们对大范围内各种自然过程变化所引起的波动和人类活动的影响十分敏感，生态系统十分脆弱。

1.海岸带监控信息技术运用

当前，我国海岸带在自然和人工作用下，变化剧烈，特别是经济飞速发展地带，海岸工程的建设，致使海岸冲击变迁，直接影响着国土资源开发与城市建设。由此，急需快速、及时、同步地获取海岸带生态环境及其演变信息，为海岸海洋的规划、开发和环境保护提供决策支持。20 世纪 90 年代以来，国际卫星遥感技术的高速发展为海洋海岸带监测与信息服务提供了技术支持。

水域是海岸带的研究重点，水环境遥感监测的基础是水色遥感原理。不同的时间、不同的入射角、不同的太阳高度、不同的水质构成甚至水体的纹理和几何形状都会影响电磁波的辐射传输过程。传感器端接收到的水体的电磁波辐射主要由三部分组成：一是水体表面直接反射的电磁波；二是水体底部和水体的组成成分所反射回的电磁波,这一部分被称为离水辐亮度;三是大气散射后进入传感器的辐射。

目前,卫星遥感为对地、对海观测提供了海岸带近海动态监测的数据源,但现存的理论、方法和技术缺乏对空间时序过程的处理分析能力。同时,海岸带诸多问题,需要集成多技术才能完成综合监测。为此需要完成对海量时空数据的综合集成、管理、自动处理和信息分发,从而及时、全面、实时、持续地提供生态环境信息。

2.海岸带监测的对象和内容

(1)监测围填海数据,掌控海域利用情况

近年来,由于长期大规模围填海活动,滨海湿地大面积减少,自然岸线锐减。为切实提高滨海湿地保护水平,国家严格管控围填海的审批。海岸带监测可以对围填海情况进行监测,通过对多期不同海岸线数据进行闭合、构面等操作,生成围填海空间分布数据,并以县域为统计单元,统计围填海规模、速度和围垦宽度等信息。同时,通过监测围填海的变化,对围填海速率、面积、类型进行分析,与海域管理审批数据叠加,快速掌握已批未用、已批已用、围而未填、批而未填几类情况的具体信息,以及违法填海的面积、类型等详细信息。

(2)监测地表覆盖和地理要素数据

监测地表覆盖和地理要素数据,便于后期精细化管理及整体规划评估。海岸带监测是在地理国情监测指标体系的基础上,结合海洋利用分类标准,重新建立的地表覆盖和地理要素体系,并基于统一的现状调查监测体系,监测获取耕地、林地、园地、草地、建筑物、道路、构筑物、养殖水域、坑塘等利用类型,解决过去多重管理并存的乱象,维护自然资源统一管理。同时,利用地表覆盖和地理要素数据成果,解决海洋功能区划修订的基础数据问题;通过分析海岸带县域陆地部分的多期地表覆盖、其他地理要素等变化数据,进行景观时空演化过程模拟,揭示景观演替的机制与规律,预测、分析海岸带发展进程的合理性。

（二）海域监控

近年来，我国海洋经济发展迅猛，海域使用需求持续增长，但违法用海现象突出、资源浪费严重、重要生态系统退化等问题日渐凸显，已经严重阻碍了海洋经济的持续稳定增长。

虽然海域使用管理工作在法律上有了依据和保障，但由于目前监测手段比较落后，难以对海域空间资源、海洋功能区和近年来填海造地等用海项目实施有效监控，海域使用的现状与动态不清，用于海域管理的基础信息匮乏，海域动态评价与决策支持等高层次信息服务更无从谈起。在这种情况下，对海域资源进行科学管理，正确引导沿海地区在科学、有序地开发使用海域的基础上发展海洋经济已刻不容缓。而建立海域使用动态监测管理系统，是提高海域管理能力与水平的重要手段之一。

海域动态远程监控系统是针对海域安全、能源/物资通道安全、航道海运安全等安全监测需要设计的视频监控综合处理系统，它集成了高性能成像系统和高精度云台控制系统（具有 GIS 联动、角度回传、雷达锁定功能）。海域远程监控系统的前端采集设备可设在海域沿岸、海岛、执法船舶、科考船舶、远洋货运船舶上，采用光缆或无线通信线路进行信息传输，显示与存储系统设备安装在调度管理中心或监控管理中心。在任何天气条件下，系统都能高效地探测、识别和确认海面远距离目标；在视频采集端安装全智能化设计集成模块式视频识别预警系统；在任意时间可在监控管理海域或船舶周界海面进行布防。

二、智慧化渔港建设

我国是世界渔业大国，渔船数、渔民数和水产品产量均居世界第一。渔港既是渔业安全生产最重要的基础设施，也是开发海洋生物资源的重要基地和枢纽，是沿海众多中小城镇的重要依托。多年来，各级政府出台各种支持政策，加大资金投入，渔港基础设施得到了较大改善，渔港服务功能得到了扩充和完善，初步形成了覆盖沿海重点经济区域、重要渔区的渔港布局，为提高我国沿海渔业防灾减灾能力、促进渔区经济社会发展和产业结构调整发挥了重要作用。但总的来说，我国的渔港基础设施建设仍显薄弱，与强化渔业安全生产的需求有一定差距，难以满足推动渔港经济区建设、持续提高渔民收入和加快新渔村建设的需要。

（一）智慧化渔港建设的战略部署

为促进海洋渔业持续健康发展，加快形成渔港经济区，提高渔业防灾减灾能力，近年来，我国政府先后印发了《国务院关于促进海洋渔业持续健康发展的若干意见》《"十四五"全国渔业发展规划》等文件，尤其是《全国沿海渔港建设规划（2018—2025年）》，在总结近年来我国海洋渔业发展状况和渔港建设情况的基础上，提出了到2025年全国沿海渔港建设的指导思想、建设原则、总体目标、区域布局和建设内容，并与相关专项规划进行了衔接协调，可作为各地区开展沿海渔港建设工作的基本依据。

《全国沿海渔港建设规划（2018—2025年）》提出，新时期渔港建设要适应经济社会发展新常态和供给侧结构性改革的基本要求，转变发展方式、优化产业结构，立足沿海经济社会发展需要、区域产业基础、海洋渔业发展现状、城镇分布特点和渔港自身条件，规划建设辽东半岛、渤海湾、山东半岛、江苏、上海-浙江、东南沿海、广东、北部湾、海南岛、南海等10大沿海渔港群，依托现有中心渔港、一级渔港及周边其他渔港，根据各地区区位条件、产业基础、城镇发展、海域岸线分布，建设形成93个渔港经济区，推动产业集聚、人流集聚和各种资源要素集聚，进一步繁荣区域经济，为沿海经济社会可持续发展做出重要贡献。

2022年1月6日，农业农村部印发的《"十四五"全国渔业发展规划》要求"实施渔船渔港管理改革"，"严格落实渔港安全主体责任，加强渔港生态环境保护，推进智慧渔港建设，提高渔港信息化服务水平"。信息化建设是促进海洋渔业管理创新、提高效率、规范程序和增强服务能力的重要基础。近年来，随着管理技术的发展，管理现代化、信息化已成为现代渔业发展的重要目标之一。渔船是渔业生产运载作业工具，在对其进行管理及服务时一直存在着难点和问题。一些海港存在多船一证的套牌渔船，以及船证不符、无船名号、错船名号、假船名号的渔船，这些渔船的身份难以识别和确认，扰乱了渔业生产的秩序，也存在一定的安全生产隐患，甚至会给国家和人民的财产带来损失。

另外，渔船的基本信息数据、渔船检验、渔船登记、渔船捕捞许可、渔船电子设备代码、渔业船员等与渔船相关的渔业行政综合管理信息也没有统一的管理。由于相关渔业渔船证书难以现场获取检查，渔船管理上没有一套完整有效的数据获取办法，客观上造成了监管困难。要想提高渔业安全监管科技水平，可根据目前渔业安全生产中存在的具体问题，依托物联网技术，将无线传感网络技术应用到渔业安全生产领域，建立渔业船舶身份识别及渔船管理系统，对渔船进行实时、有效的监管，实现渔船证书电子化、现场检查取证电脑化和救助信息实时反馈化。

需要指出的是，国家每年投入大量资金用于机动渔船柴油补贴，为渔业正常生产提供了有力保障，但在柴油补贴的申报、拨付、分配过程中存在审核、稽查难点，因此加强渔船油料管理势在必行。渔船管理信息化，有利于提高海洋渔业的管理水平和运作效率，有助于确保柴油补贴专项资金落到实处，从而促进海域和渔船管理工作逐步专业化、规范化、信息化。

（二）智慧化渔港建设解决方案

1.智慧渔港系统

智慧渔港系统旨在加强渔港防灾减灾、渔船动态监管、渔港综合管理、渔港产业服务等方面的基础设施和信息系统建设，打造出一整套"依港管渔、依港拓渔、依港兴业、依港兴城、依港养港"的智慧渔港运行模式，可以为渔港经济区建设的方向选择提供决策依据,并为渔港经济区建设的蓝图落地提供管道支撑。

2.渔船动态管控平台

渔船动态监管平台运用了视频监控、雷达目标探测等技术,能够实时监测在港渔船的位置,并对其行为进行智能分析,保障渔船的作业安全。

3.智慧渔港监管平台

智慧渔港监督平台借助人工智能、大数据等新一代科学技术,通过渔港信息整合、港湾三维仿真、港内安防监控、船舶进出港管理、渔港精细化预报等模块的建设,实现对港内人、车、船的综合管理,以全面提升渔港的信息化和现代化水平。

4.远洋捕捞综合管理平台

远洋捕捞综合管理平台包括远洋渔船监控和综合调度指挥两部分,综合指挥室可以接收系统提供的预警信息,并基于这些信息对远洋渔船进行统一指挥和调度,以此保证远洋渔船的安全,并提高其作业效率。

5.海渔移动执法系统

海渔移动执法系统可以在执法现场全过程地记录、存储执法过程,调取各项法律法规,载入违法行为各项标准和自由裁量权,并且还拥有制作法律文书,上传、审批、回传、下达等多项移动执法功能,在极大提升移动执法效率的同时,还能保证整个执法过程公正严明。

通过五大系统平台系统的协同配合,智慧渔船渔港方案可以实现建立渔船电子档案、船员综合管理、渔港检查、渔港实时智能监控、船舶流量检测、渔区精细化预报、船体识别、船舶号识别、船位监控、越界警报、应急救援、远洋综合指挥调度、智能执法、违法行为智能分析等多项功能,大幅提升渔港的信息化、智能化、数字化水平,为提升渔港的安全系数、服务水平和运行效率提供有力的数据和技术支撑。

（三）智慧化渔港建设要解决的主要问题

智慧化渔港建设，将大幅度推动传统渔船渔港监管向智能化转型升级，为政府和企业解决以下问题。

1.定位通信设备尚未全部覆盖的问题

现代渔业早期由于受作业区域环境、专业船载卫星通信设备以及船上维护人员专业素质等因素的制约，整体行业海上通信普及进展缓慢。智慧化渔港建设能解决大量小型渔船尚未加装定位通信设备，无法实时掌握其动态信息，缺乏有效的信息手段对小型渔船、养殖船进行停靠检查及安全管理等问题。

2.多种监测设备数据尚未融合的问题

智慧化渔港建设为大型渔船配备多种探测设备，解决各个设备之间探测数据不互通等问题。

3.渔港实时监控能力弱的问题

智慧化渔港建设还能为船舶进出港提供报警通知手段，解决渔港缺乏实时视频监控，无法及时获取船舶停靠、出港等信息的问题。

4.各部门信息化支撑延伸不足的问题

智慧化渔港建设以满足日常管理需要为主，能解决相关渔业管理部门对渔业生产全面监管的支撑不足、延伸不够，以及对平台信息支撑不足等问题。

三、智慧化商港建设

随着国内港口业务不断增多，加之物联网、人工智能、大数据、云计算等新一代信息技术的不断融合，自动化、数字化、智慧化成为港口发展的新方向。当前，我国港口已然进入了关键的数字化转型时期，随着码头业务量的增多，传统集装箱码头的生产管理面临诸多挑战，如成本上升、存在安全隐患、人员能力不足、生产效能无法保证等，亟须自动化、智慧化的生产管理方式。

智慧化商港是指在现代港口设施的基础上，充分运用 5G、物联网、人工智能、大数据等技术，实现港口现有设施的智能化。智慧化商港打破了传统港口的物理隔离，实现了港口供应链的所有资源和各活动参与方之间的无缝连接，是信息化技术在港口领域的深度应用。

近年来，我国沿海港口开始深入推进自动化码头、智慧商港的建设，这是提升我国港口服务水平、完善我国港口管理模式、提高我国港口国际竞争力的重要途径。在智慧商港的建设过程中，5G 通信、计算机视觉、智能调度、大数据分析等新兴技术发挥着重要作用，在未来智慧商港的进一步升级中也起着关键作用。

（一）智慧商港的特征

智慧商港有别于传统的自动化码头，其主要特征有以下四个方面。

1.全面感知

全面感知是指利用各种信息获取设备，如射频识别技术（RFID）、传感器、北斗卫星导航系统等，实现对整个运输过程实时跟踪、定位、监控和管理，并保障货物运输的安全性和经济性等。

2.智能决策

智能决策是指根据系统中现有的数据，对运输活动的未来发展趋势进行预估，从而为未来港口发展决策提供依据。

3.信息整合与共享

信息整合与共享是指通过信息获取技术获得整个运输过程中的所有活动信息，然后将该信息传送至港口后台数据库中，并通过信息处理和整合技术在码头综合信息化平台上进行展示，以实现信息共享。

4.全程参与

全程参与是指利用 5G 通信、物联网及大数据技术等实现信息实时通信和交流，保障综合信息化平台能可靠、稳定地为管理者和码头运输各参与方提供服务。

（二）智慧商港的发展现状

1.智慧商港作业设备

（1）自动导引车

自世界上第一座自动化集装箱码头建成使用至今，自动导引车（AGV）一直都是自动化码头水平运输方式的首选，其特点是利用电磁或光学等导航设备实现车辆无人驾驶的功能。根据导航方式不同，可将 AGV 分为电磁感应引导式 AGV、激光引导式 AGV、视觉引导式 AGV 等。集装箱码头大多选用"电磁＋传感器"引导式 AGV，这就需要在码头建设初期沿规划行驶路线埋设磁钉。

尽管 AGV 是大多数自动化码头的唯一选配，但是 AGV 自身导航特性导致其无法满足未来港口智能化的发展。其主要原因包括以下三个方面：一是 AGV 采用电磁导航方式需预埋磁钉，对港口的平整性有较高的要求；二是 AGV 生产成本远高于普通集卡（500 万～700 万）；三是我国大多数集装箱码头区域规划合理、地面相对平整，若要改造为自动化码头，需要重新埋设磁钉，这会造成极大的资源浪费。基于此，智能导引车（IGV）的概念被提出，IGV 采用"卫星＋传感器"的方式进行导航。IGV 可在现有卡车底座系统上进行改装，所以 IGV 具有低成本、高精度和易改造等特点，其必然成为未来智能化码头水平运输方式的主流。

（2）智能集装箱

据不完全统计，全球 60%以上的货物是以集装箱的方式进行运输，集装箱运输俨然成为世界贸易运输的重要方式。与此同时，为进一步提高集装箱的运输效率、缩短集装箱中转时间、保障运输安全性，集装箱智能化概念应运而生。智能集装箱的主要功能如下：一是检测意外的集装箱开口，将传感器放置在集装箱内以确定何时打开，通过编程确认预计的开放时间，并检查开放时间是否与预定的视察时间相符，若不符可由 GPRS/3G 发出警报；二是监测货物运输环境，如可通过温湿度传感器检测环境信息，在运输过程中管理货物（对湿度温度敏感）；三是识别货物信息，RFID 技术可将集装箱货物及签单信息及时传输至交通安全管理系统（TSS）以实现签单信息的电子化。虽然集装箱智能化取得一定的成就，但现有技术仍无法满足国际物流行业的趋势，主要表现为智能集装箱实时化、信息化和互联化不足。

2.智慧商港管理系统

码头管理系统（TOS）的开发和完善是码头实现智能化、信息化和现代化的关键，也是实现智慧商港的主要途径之一。TOS 采用图形化技术实时展示港口现有信息，如集装箱装卸船情况、水平运输过程等。该系统还可以帮助码头管理者合理管理、分配现有资源，加快集装箱装卸货效率，缩短集装箱在港中转时间，提高堆场空间利用率，降低集装箱码头运营成本等。

迄今为止，世界上集装箱码头管理系统的核心技术主要掌握在欧美发达国家手中。尽管我国近年来在自动化和智能化港口发展领域已逐步达到世界先进水平，但集装箱码头管理系统与发达国家仍存在一定差距。目前，我国在这方面的发展主要存在以下三点问题。

（1）系统间存在"信息孤岛"现象

我国在 TOS 领域的发展方式是购买主要核心模块和二次开发附属模块，但由于各模块采用设备标准不统一，部分子系统无法实现信息共享，这就使码头无法实现完全数字化。

（2）现有系统存在性能不足问题

为满足日益旺盛的国际贸易发展需求，各运输环节的设备日益更新。现有系统无法完全兼容新设备，造成系统性能日益不足等问题。

（3）现有系统出现维护成本高的问题

随着集装箱码头装卸设备、运输设备和码头规模的扩建，系统的使用频率和业务处理量逐渐增加，需要不断维护现有系统以提高其稳定性，这无疑给码头带来极大的挑战。基于此，随着第五代智慧商港的发展，码头管理系统的原有世界格局终将被打破，这将为我国智慧码头管理系统的智能化、信息化和现代化带来机遇。

（三）新兴技术在智慧商港中的应用

1.5G 技术

5G 技术是具有高速率、低时延和大连接等特点的新一代宽带移动通信技术，是实现人机物互联的网络基础设施。5G 技术的应用场景主要有三大类：一是增强移动宽带，为移动互联网用户提供更加便利的应用体验；二是超高可靠低时延通信，可满足原创控制自动驾驶研究领域的低时延和可靠性要求；三是海量机器类通信，智慧城市、智能家居等概念的提出对多机器的连接和通信提出了新的要求，5G 技术可满足该类以传感和数据采集为目标的应用需求。

在智慧商港的建设方面，5G 技术可应用于自动搬运设备、辅助搬运设备，实现物料精准识别、移动设备集群协调调度、远程实时监控等功能。

IGV 是一种采用"卫星＋传感器"进行定位的无人驾驶智能导引车，5G 技术为 IGV 的研发和应用提供了很好的技术支持。例如，5G 技术可用于港口 IGV 车队的管理系统，使其在发布任务、管理 IGV 时更加迅速；5G 通信技术可用于 IGV 卫星导航定位差分信号通信，实现对 IGV 的定位与定向，定位精度不低于 10 厘米；5G 技术大连接的特点也适用于港口多设备的连接调度及信息互通。

另外，5G 通信技术在港口管理系统的建设和使用方面也有良好的应用前景。例如，使用 5G 无线网络实现港口设备的连接以及数据传输，能够降低港口的建设及运营成本，保证港口运营安全可靠。可以预见，随着 5G 技术的发展，其在智慧商港领域的应用会更加广泛。

2.人工智能技术

人工智能是一门新的技术科学，包含很多领域，如计算机视觉、机器学习、智能决策等。在智慧商港建设方面，主要有两方面的应用。

一是安全生产管控。计算机视觉、语音识别等技术的应用对于港口安全管控系统的智能化水平有很大的提升。部分港口已使用人脸识别、手势识别、车辆识别等技术建立了智慧安全系统，实时管控作业区域内的作业人员和车辆，识别安全隐患并及时响应。例如，深圳赤湾港使用京东云提供的高级驾驶辅助系统（ADAS）来避免车辆碰撞等交通事故的发生。但目前港口在该方面的应用仍处于起步阶段，仅进行了试运行，未来随着人工智能技术的持续突破，安全管控系统的智能化会成为智慧商港的重要组成部分。

二是智能调度。码头生产作业系统的有序高效运行是港口的核心竞争力，因此港口需要合理地组织调度资源。学者对于生产管控系统调度模块的智能开发缺少关注。但是智慧商港的建设不仅需要设备的智能化，还需要管理的智能化。目前国内部分港口已经开始使用自动化堆场选位、配载等模块。

3.大数据技术

近年来，大数据技术能快速高效地采集、处理及分析海量数据的特点，这使其受到了广泛的关注，在社会各个领域得到了广泛应用。

由于船舶的大型化及港口吞吐量的不断上涨，港口在作业过程中产生的数据量也快速增长。港口作为物流链中重要的节点，其管理作业的数据经过大数据处理分析后，能够反过来对其业务起到指导作用，而且港口的调度、管理以及业务联系也可受益。

目前，港口对于大数据技术的应用主要集中在船舶完工后的一些数据采集及指标计算上，作业前的数据采集、作业预测、方案优化、智能决策等方面的功能并没有完善，但现阶段已取得不少进展。未来智慧商港应注重生产调度数据平台的开发，在港口机械智慧化的基础上突破管理智慧化的技术难关。

参 考 文 献

[1] 白斌，张如意. 蓝色牧场：话说浙江海洋渔业文化[M].杭州：浙江大学出版社，2018.

[2] 董双，董云伟，黄六一，等. 迈向远海的中国水产养殖：机遇、挑战和发展策略[J].水产学报，2023，47（3）：3-13.

[3] 段瑞洋，王景璟，杜军，等. 面向"三全"信息覆盖的新型海洋信息网络[J]. 通信学报，2019，40（4）：10-20.

[4] 韩林生，王祎. 全球海洋观测系统展望及对我国的启示[J].地球科学进展，2022，37（11）：1157-1164.

[5] 柳林，李嘉靖，李万武，等. 智慧海洋理论、技术与应用[M].青岛：中国海洋大学出版社，2018.

[6] 沈荣骏.我国天地一体化航天互联网构想[J].中国工程科学，2006，8（10）：19-30.

[7] 王信龙，王子萌. 基于5G的智慧港口应用研究[J].数据通信，2021（5）：4-6.

[8] 夏明华，朱又敏，陈二虎，等. 海洋通信的发展现状与时代挑战[J].中国科学：信息科学，2017，47（6）：677-695.

[9] 徐晓帆，王妮伟，高璎园，等. 陆海空天一体化信息网络发展研究[J].中国工程科学，2021，23（2）：39-45.

[10] 殷克东，李雪梅，关洪军. 海洋经济蓝皮书 中国海洋经济发展报告2022[M].北京：社会科学文献出版社，2022.

[11] 张建波，王宇，聂雪军，等. 智慧渔业时代的深远海养殖平台控制系统

[J].物联网学报，2021，5（4）：120-136.

[12] 张乃通，赵康健，刘功亮.对建设我国"天地一体化信息网络"的思考
[J].中国电子科学研究院学报，2015，10（3）：223-230.